Naturkräfte.

Dreißigster Band.

Die Schmarotzer

mit

besonderer Berücksichtigung der für den Menschen wichtigen.

Von

Dr. Arnold Heller,
o. ö. Professor der Medizin in Kiel.

Mit 74 Holzschnitten und einer Karte in Farbendruck.

München und Leipzig.
Druck und Verlag von R. Oldenbourg.
1880.

Vorwort.

Da ich an anderem Orte entschieden für die Notwendigkeit einer weiteren Verbreitung naturwissenschaftlicher Kenntnisse eingetreten bin, besonders wo es sich zugleich um die Gesundheit des Einzelnen und um das Wohl des Allgemeinen handelt, konnte ich mich selbst nicht gut dieser Aufgabe entziehen, als sie in einem mir nahe liegenden Gebiete an mich herantrat.

Kenntnis der Natur und ihrer Gesetze muß heutzutage von jedermann verlangt werden; nicht nur Ärzte und Naturforscher, Forst- und Landwirte, wie solche, welche andere technische Zweige als Beruf erwählt haben, können ihrer nicht entbehren; auch der Verwaltungsbeamte, welcher ohne solche täglich schwerwiegende Mißgriffe begehen muß, der Richter, welcher in der Entscheidung von schwierigen Rechtsfragen besonders auf industriellem Gebiete, dann in der kriminalistischen Praxis im tiefsten Dunkel tappt, können solcher Kenntnisse nicht entraten, wenn auch nur, um an die Sachverständigen sachgemäße Fragen richten und deren Gutachten verstehen zu können; aber auch der Prediger auf der Kanzel ist nur ein „tönendes Erz und eine klingende Schelle", wenn er von den Wundern der Schöpfung spricht, wie der Blinde von der Farbe, wenn er von der Lilie auf dem Felde rühmt, sie sei schöner als Salomo in aller seiner

Pracht, aber sein Auge ist zu blöde, diese Wunder in ihrer Gesetzmäßigkeit zu erkennen, seine Sinne zu stumpf, diese Schönheit der Natur zu würdigen.

Allgemeine Verbreitung von Kenntnis der Natur und ihrer Gesetze würde dem niederträchtigen Geheimmittelschwindel die Axt an die Wurzel legen, der zahllosen bethörten Opfer nicht allein hohe Steuern für ihre Unwissenheit auflegt, sondern auch mit Gesundheit und Leben derselben ein ruchloses Spiel treibt.

Die Bestrebungen, der Entstehung der Krankheiten, besonders der Seuchen vorzubeugen, wie sie gegenwärtig von Staat und Gemeinde aufs eifrigste gefördert werden, können erst dann recht fruchtbringend werden, wenn das Volk im großen und ganzen verständnisvoll ihnen entgegenkommt.

Zur weiteren Verbreitung solcher Kenntnisse auf einem höchst interessanten und zudem für die öffentliche, wie private Gesundheitspflege wichtigen Gebiete möge dies Büchlein beitragen.

Die Aufgabe ist allerdings eine sehr schwierige; sie erstreckt sich über das gesamte Gebiet der Zoologie und Botanik und ist so reich an Erscheinungsformen, daß zu einer gleichmäßigen Berücksichtigung aller wohl eine Arbeitsteilung nötig wäre. Ich habe deshalb die mir ferner liegenden Gebiete nur um eine vollständige Übersicht zu erreichen, in Beispielen herangezogen; vorzugsweise sind die den Menschen zunächst berührenden Formen einer eingehenderen Darstellung unterzogen worden.

Es könnte vielleicht getadelt werden, daß die praktische Seite ziemlich stark in den Vordergrund gerückt ist; es schien mir dies aber gerade in diesem Gebiete nicht bloß gerechtfertigt, sondern auch direkt geboten, da ja andere Bände dieses Sammelwerkes in vortrefflicher Weise die hier etwas stiefmütterlicher behandelten Seiten hervorheben.

Für die Auswahl der zu besprechenden Formen war in erster Linie die Wichtigkeit, dann das allgemeine Interesse maßgebend; daß ich daneben alle solche Schmarotzer mit mehr Vorliebe behandelte, mit welchen ich durch lange Beschäftigung vertraut bin, dürfte verzeihlich sein.

Für solche, bei welchen Lust zu eingehenderem Studium entstanden sein möchte, habe ich ein Verzeichnis der wichtigsten, unseren Gegenstand behandelnden Werke gegeben.

Inhalt.

Verzeichnis der Abbildungen.

Literatur.

Ackermann, Über die Ursachen epidemischer Krankheiten. Sammlung gemeinverständl. wissenschaftl. Vorträge Nr. 177. Berlin 1873.

van Beneden, Die Schmarotzer des Tierreichs. Leipzig 1876.

Bremser, Über lebende Würmer im lebenden Körper. Wien 1819.

Cobbold, Entozoa. London 1864. Supplement 1869.

Cobbold, Parasites a treatise on the Entozoa of man and animals. London 1879.

Davaine, Traité des Entozoaires. 2. éd. Paris 1878.

Diesing, Systema helminthum. Wien 1850.

Eidam, Über den gegenwärtigen Stand der Mykologie mit Rücksicht auf die Lehre von den Infektionskrankheiten. 2. Auflage. Berlin 1872.

Fürstenberg, Die Krätzmilben der Menschen und Tiere. Leipzig 1861.

Giebel, Insecta epizoa. Die auf Säugetieren und Vögeln schmarotzenden Insekten nach Chr. L. Nitzschs Nachlaß. Leipzig 1874.

Göze, Versuch einer Naturgeschichte der Eingeweidewürmer tierischer Körper. Mit 44 Kupfertafeln. 1782.

Heller, Invasionskrankheiten. (v. Ziemssen's Handbuch der speziellen Pathologie und Therapie. III. Band. 2. Aufl.) Leipzig 1876.

Heller, Darmschmarotzer. (ebenda VII, 2. Band. 2. Aufl.) Leipzig 1878.

Heller, Leberschmarotzer. (ebenda VIII, 1. Band. 2 Aufl.) Leipzig 1880.

Krabbe, Recherches helminthologique en Danmark et en Islande. Kopenhagen 1866.

Küchenmeister, Die in und an dem Körper des lebenden Menschen vorkommenden Parasiten. Leipzig 1855.

Küchenmeister und Zürn, Die Parasiten des Menschen. I. Lief. Leipzig 1878.

Leidy, Fauna and Flora within living animals. Washington 1853.

Leuckart, Die menschlichen Parasiten. Leipzig 1861—76, 2. Aufl. I. Lief. 1879.

von Linstow, Compendium der Helminthologie. Hannover 1878.

Schneider, Nematoden. Berlin 1866.

von Siebold, Über die Band= und Blasenwürmer. Leipzig 1854.

Sorauer, Die Krankheiten der Pflanzen. Berlin 1874.

Steudener, Über pflanzliche Organismen als Krankheitserreger. Sammlung klinischer Vorträge. 38. Leipzig 1872.

Zürn, Die Schmarotzer auf und in dem Körper unserer Haus=säugetiere. Leipzig 1872.

Einleitung.

Unter der unendlichen Menge von Wechselbeziehungen, welche im großen Haushalte der Natur zwischen den einzelnen Gliedern bestehen, bieten wohl wenige so viel des Interessanten, als die große Reihe derjenigen, welche man unter dem Namen „Schmarotzertum“ oder Parasitismus zusammenfaßt. Schon die Eigentümlichkeit und die bunte Mannigfaltigkeit der Erscheinungen würde anziehend genug sein, wenn auch nicht die tief einschneidende Bedeutung einer großen Zahl derselben für den Menschen hinzu käme.

Ich will nicht an die Trichinenkrankheit, nicht an die Reblaus erinnern, mit ihnen werden wir uns später eingehender zu beschäftigen haben. Wohl aber sind hier die furchtbaren Seuchen zu erwähnen, welche wahrscheinlich seit den ältesten Zeiten, sicher nachweisbar aber seit dem neunten Jahrhundert christlicher Zeitrechnung bis in unser Jahrhundert herein herrschten und zu verschiedenen Zeiten unter verschiedenen Namen Kribelkrankheit, heiliges Feuer, Feuer des hl. Antonius u. dgl. beschrieben wurden. Diese Seuche wurde durch einen auf dem Roggen schmarotzenden Pilz, das Mutterkorn, hervorgerufen, sie wird daher jetzt als Mutterkornbrand, Ergotismus, bezeichnet. Unter den heftigsten, unerträglichsten Schmerzen trat allmählich brandiges Absterben der Glieder ein, so daß manche Unglückliche schließlich nur aus Rumpf und Kopf bestanden; erst spät wurden sie durch den Tod von ihren fürchterlichen Leiden befreit.

Eine andere Krankheit, das Pellagra, wird durch einen ähnlichen Schmarotzerpilz des Mais hervorgerufen.

Näher unserem Gedächtnisse liegen die ebenfalls durch pflanzliche Schmarotzer bedingte Kartoffelkrankheit, die Trauben-, die Seidenraupen-Krankheit, welche für Glück und Wohlstand ausgedehnter Länder verhängnisvoll geworden sind.

Die neuesten Forschungen endlich führen mehr und mehr zu der Erkenntnis, daß wohl die meisten der schweren Volkskrankheiten mit pflanzlichen Schmarotzern der allerkleinsten Art, den sog. Spaltpilzen, in ursächlichen Zusammenhang zu bringen sind.

So haben denn auch seit lange die Schmarotzer das allerlebhafteste Interesse von Ärzten und Naturforschern erregt, und bis heute noch ist man eifrig bemüht, ihre Lebensweise zu erforschen und die Lücken in der Lehre von ihrer Entwicklung auszufüllen, die Wege aufzuspüren, auf welchen sie an und besonders in ihre Wirte gelangen.

Bevor wir jedoch auf Einzelheiten eingehen, haben wir die Frage zu erledigen, was unter Schmarotzer oder Parasit zu verstehen ist. Die Beantwortung derselben ist nicht ganz einfach, ja eine strenge Begriffsbestimmung ist fast unmöglich. Willkürlich oder nach Übereinkunft werden bald weitere bald engere Grenzen gezogen; es sind diese Grenzen eben keineswegs scharfe, sondern allenthalben geht das abgegrenzte Gebiet allmählich in Nachbargebiete über. Eine so scharfe Scheidung, wie wir sie der Übersichtlichkeit und Deutlichkeit wegen vorzunehmen lieben, findet sich in der Natur nicht.

Im allgemeinen nennen wir einen Schmarotzer im weitesten Sinn jedes lebende Wesen, welches bei einem lebenden Wesen anderer Art Unterkunft und Nahrung findet;

die Unterkunft mag nun zeitweilig oder sie mag dauernd sein; die Nahrung kann direkt aus den Säften und Geweben des Wirtes, oder aus seinen Einnahmen, oder sogar aus seinen Auswurfstoffen und Abfällen genommen sein. Nur muß der Schmarotzer von der Natur auf einen solchen Wirt angewiesen sein, er muß ohne ihn seine Existenz nicht zu behaupten vermögen; gleichgültig ist, ob der Schmarotzer dem Wirte unbequem wird oder nicht, ob er ihm merklichen Schaden zufügt oder nicht, oder ihm vielleicht sogar in irgend einer Hinsicht nützlich wird.

P. J. van Beneden, der berühmte belgische Zoologe will neuerdings in geistreicher Weise von dem Parasitismus eine Reihe von Formen abtrennen, welche er in zwei Gruppen zusammenfaßt; unter dem Namen Mutualismus (Gegenseitigkeitsverhältnis) begreift er solche Tiere, welche so auf einander angewiesen sind, daß sie sich gegenseitig Dienste leisten; unter Kommensalismus (Tischgenossenschaft) faßt er solche zusammen, welche von der Nahrung anderer mitessen; während unter den Begriff Parasitismus nur solche fallen sollen, welche sich von Teilen des Wirtes nähren.

So anziehend auch dieser Versuch erscheint, so dürfte kaum diese Scheidung vor genauerer Prüfung sich stichhaltig erweisen. Gar manche Erscheinungsformen würde man nach Willkür bald da bald dort einreihen können. Für das Verständnis der Lebensverhältnisse aber dürfte mit einer solchen künstlichen Scheidung wenig geholfen sein.

Auch nach anderen Gebieten hin sind keine ganz scharfen Grenzen zu ziehen. Wenn wir einen großen Käfer mit einigen Milben besetzt ganz ungestört seinen Geschäften nachgehen sehen, so nennen wir sie Schmarotzer. Als ich aber kürzlich fünf eben solche Milben eine Spinne überfallen sah, welche unter Zuckungen ihr Leben lassen mußte, so erinnerte das mehr an Raubtiere, an ein Rudel Wölfe, die ein starkes

Wild überwältigen, welchem einer von ihnen allein nicht gewachsen gewesen wäre.

Die Zahl der Schmarotzer ist unglaublich groß. Je mehr man sich mit ihnen beschäftigt, um so mehr wächst die Aufgabe, so daß es unmöglich ist, das ganze weite Gebiet zu beherrschen. Noch weit entfernt sind wir auch nur annähernd die Mehrzahl der Schmarotzer zu kennen. Besonders die Milben stellen allein schon eine Legion winziger Schmarotzer, deren täglich neue gefunden werden. Kein Tier ist frei von Schmarotzern; die meisten werden von zahlreichen bewohnt. So sind bis jetzt beim Menschen weit über ein halbes Hundert gefunden; der Hund, sein treuer Begleiter auf der ganzen Erde, zählt ihrer etwa drei Dutzend, das Schwein nur achtzehn, ein Viertelhundert das Rind und das Pferd eben so viel. Selbst die Schmarotzer sind wieder mit Schmarotzern behaftet. So fand ich zahlreiche Exemplare des feinen Haarwurms der Taube (Trichosoma tenuissimum) mit einem dichten Pilzrasen überzogen. Eines der hübschesten Beispiele aber gibt Leidy (Fauna and Flora within living animals). Er fand im Magen eines Tausendfüßlers regelmäßig kleine Spulwürmer (Ascaris infecta) festhaftend (Fig. 1); auf diesen Spulwürmern wuchs sehr häufig ein zierliches Pflänzchen (Enterobryus elegans); dieses wiederum bot einem noch kleineren Schmarotzerpflänzchen

Fig. 1. Stückchen Magenwand eines Tausendfüßlers mit sieben Spulwürmern (Ascaris infecta) besetzt.

(Arthromitus cristatus) eine Stätte für sein Gedeihen. Beistehende Abbildung gibt das interessante Verhältnis nach Leidy wieder (Fig. 2).

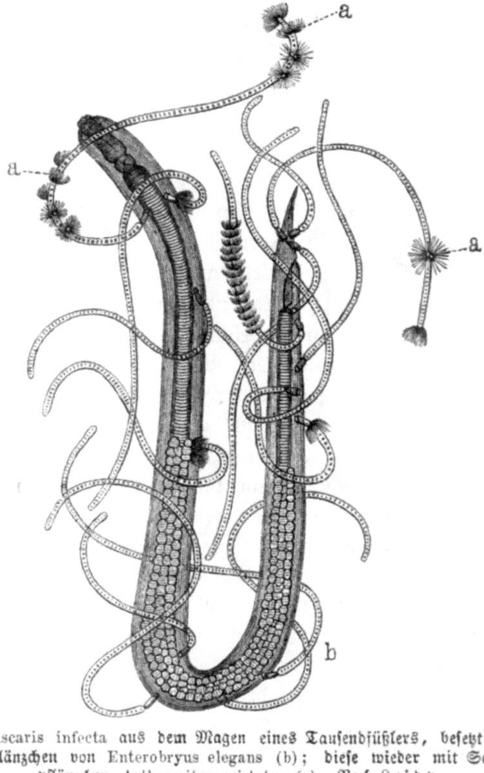

Fig. 2. Ascaris infecta aus dem Magen eines Tausendfüßlers, besetzt mit zahlreichen Pflänzchen von Enterobryus elegans (b); diese wieder mit Schmarotzerpflänzchen, Arthromitus cristatus (a). Nach Leidy.

Die Schmarotzer sind entweder Pflanzen oder Tiere, eben so sind die Wirte dem Pflanzen- oder Tierreiche angehörig; wir haben somit zu unterscheiden:

pflanzliche Schmarotzer } auf Pflanzen,
tierische Schmarotzer }

pflanzliche Schmarotzer } auf Tieren.
tierische Schmarotzer }

Sodann unterscheiden wir solche Schmarotzer, welche an der Oberfläche hausen, von solchen, welche auf innere Teile angewiesen sind.

Erstere, Ektoparasiten, Außenschmarotzer, sind pflanzliche, Epiphyten und tierische, Epizoen; letztere, Binnenschmarotzer, Entoparasiten, zerfallen in pflanzliche, Entophyten und tierische Entozoen.

Manche Schmarotzer kehren nur zu kurzem Verweilen bei ihrem Wirte ein, um Nahrung aufzunehmen, wir nennen sie zeitweilige, temporäre Schmarotzer. Sie sind in der Regel mit gut entwickelten Bewegungsorganen versehen. Andere dagegen bringen längere Zeit andauernd oder auch ihr ganzes Leben schmarotzend zu, wir nennen solche seßhafte oder stationäre Schmarotzer. Diese sind meist weit weniger beweglich oder entbehren ganz der Fähigkeit Ortsbewegungen vorzunehmen; dagegen sind sie häufig mit kräftigen Haftwerkzeugen versehen, um sich an dem einmal eingenommenen Platze besser behaupten zu können; Krallen, oder Haken oder Saugnäpfe oder auch mehrere solche Vorrichtungen zugleich finden sich als Ausstattung für solche seßhafte Schmarotzer.

In der Lebensweise der seßhaften Schmarotzer finden sich wieder manche Verschiedenheiten. Entweder sind sie ganz auf ein Schmarotzerleben angewiesen, das bei einem Wirte allein abläuft oder auf mehrere Wirte sich verteilt, oder sie können einen Teil ihres Lebens in der freien Natur zubringen und zwar entweder ihre Jugend oder ihr späteres Leben.

Um in den ihnen zu ihrem Gedeihen nötigen Wirt zu gelangen, unternehmen sie entweder selbständige Wanderungen, oder sie werden ohne ihr Zuthun zufällig eingeführt. Eine große Rolle spielt in diesem letzteren Falle die Nahrung. Besonders schlagend tritt dies bei den Binnenschmarotzern der Tiere, welche von anderen Geschöpfen leben, den Raubtieren, hervor. Ihre Schmarotzer leben gewöhnlich vorher in dem Opfer, das zur Nahrung dient.

So lebt der Bandwurm der Katze vorher als Finne in der Maus, der Bandwurm des Hundes als Blasenwurm an den Eingeweiden des Hasen. Wir werden später noch zahlreiche solche Beziehungen kennen lernen.

Verschieden wählerisch sind die einzelnen Schmarotzer; während die einen auf Wirten der verschiedensten Art die Bedingungen für ihr Leben und Gedeihen zu finden wissen, sind andere auf eine einzige angewiesen, sie gehen zu Grunde falls sie auf eine andere Art Wirt geraten. So findet sich der Hülsenwurm im Menschen, Affen, Rinde, Schafe, Kamele, Dromedare, bei der Ziege, Gemse, Antilope, Giraffe, beim Hirsche, Pferde, Esel, Zebra, Schweine, Eichhörnchen, Känguruh und mehreren katzenartigen Tieren, ja sogar bei Vögeln ist er gefunden; der feiste Bandwurm des Menschen dagegen kommt nur beim Menschen allein zur Entwicklung.

Die einen Schmarotzer finden sich in den verschiedensten Teilen ihres Wirtes, andere können nur in einem einzigen Organe gedeihen.

So kommen Bandwürmer nur im Darme vor, die Finnen in allen möglichen Körperteilen.

Die Entstehung der Schmarotzer.

Fragen wir nun, woher diese zahllosen Wesen stammen, vor welchen kein Fleckchen, auch nicht das verborgenste im Körper sicher ist?

Die Zeit ist nicht fern, zu welcher noch die Naturforscher glaubten, solche Schmarotzer entstünden aus verdorbenen Säften oder krankhaft veränderten Teilen des menschlichen oder tierischen Körpers durch Urerzeugung; es schien die einzige einleuchtende Erklärung besonders für solche Schmarotzer, welche in den verborgensten Teilen sich fanden. Man nahm bestimmte krankhafte Anlage zur Wurmbildung an, und sprach von Wurmkrankheiten sogar wo keine Würmer sich fanden. Bis heutigen Tages hat sich diese Anschauung bei den Laien erhalten, ja man hat sogar Virchows Autorität für solche Fälle angezogen: im Feuilleton der deutschen Romanzeitung fand sich (1874 S. 880) folgende „Warnung. In der Neuzeit wird wohl keine Frucht mehr angeboten und gekauft, als Apfelsinen. Wie aber niemand ungestraft unter Palmen wandelt, so ist es auch mit dem Genusse dieser so unschuldig aussehenden Früchte. Professor Virchow hat gefunden, daß bei einem andauernden Genusse von Apfelsinen sich Eingeweidewürmer erzeugten, die zu schmerzhaften Krankheiten Veranlassung gäben. Es ist daher Mäßigkeit im Genusse dieser Früchte anzuraten." Niemand möge sich dadurch den Genuß der Apfelsinen verkümmern lassen; diese Notiz beruht auf einem völligen Mißverständnis, Virchow hat vermeintliche Darmschmarotzer, die ihm eingesandt waren, als unverdaut abgegangene Apfelsinenschläuche erkannt. Jedem pathologischen Anatomen werden dergleichen unverdaute Speisereste als Würmer vorgelegt; so erhielt ich im verflossenen Sommer Apfelsinenschläuche, von anderer Seite Stücken von Schoten der Zuckererbse; sehr häufig werden Nerven, Sehnen und Blutgefäßstückchen des genossenen Fleisches für Schmarotzer gehalten.

Auch auf dem Wege der Vererbung war man geneigt die Erwerbung von Binnenschmarotzern zu erklären; man dachte, die Kinder erbten sie von den Eltern oder sogar wie andere Eigenschaften mit Überspringung der Eltern von den Großeltern. Diese Anschauung konnte natürlich ebenfalls nicht aufrecht erhalten werden; bei Neugebornen wie jungen Tieren finden sich keine Schmarotzer, erst allmählich erwerben sie solche; nur wenige Beobachtungen könnten etwa dafür angeführt werden; so hatte Rathke in den Embryonen einer trächtigen Eidechse feine Rundwürmer in den Hirnhöhlen gefunden; sonst sind jedoch in der Regel die Jungen frei, auch wenn die Mütter stark mit solchen Schmarotzern behaftet sind. Eine längst den Geflügelzüchtern bekannte Thatsache ist hier zu erwähnen; während die auf natürlichem Wege erbrüteten jungen Hühner sehr bald von Schmarotzern bevölkert werden, bleiben in Brütapparaten ausgebrütete, so lange sie getrennt leben, frei von solchen.

Gerade bei den Schmarotzern aber, welche als stärkste Stütze für die Lehre von der Urerzeugung gedient hatten, bei den Blasenwürmern oder Finnen, wurde zuerst die merkwürdige Entwicklungsgeschichte erkannt, ihre Abstammung von Vorfahren nachgewiesen und dadurch die Lehre von der Urerzeugung gestürzt. Für eine Reihe der wichtigsten Schmarotzer ist heute der ganze Gang der Entwicklung nachgewiesen, für viele andere allerdings fehlt noch dieser Nachweis, doch kann keinem Zweifel unterliegen, daß die Schicksale derselben, wenn auch mit manchen Abänderungen, ähnliche sein werden.

Wenn wir sehen, daß es nur bestimmte Tierarten sind, welche bei anderen Tieren schmarotzend ihr Leben verbringen, welche aber zum größten Teil durchaus auf ihre Wirte angewiesen sind, ohne sie unfehlbar zu Grunde gehen müssen, so drängt sich unmittelbar zwingend die Frage auf, wie sind diese Tiere zu Schmarotzern geworden?

Ein Versuch diese Frage zu lösen, dürfte gewagt erscheinen; ich habe auch einen solchen nicht im Auge, wenn ich einige Punkte aus der Fülle der Erscheinungen in den

Vordergrund stelle, die wenigstens für einige einfachere Formen eine einleuchtende Erklärung zu geben vermögen.

Wir wissen, daß es eine große Anzahl von schmarotzenden Fadenwürmern gibt, außerdem zahlreiche vollkommen in allen ihren Entwicklungszuständen frei lebende. Die Fadenwürmer sind auf Feuchtigkeit angewiesen; Austrocknen vermögen sie zu überstehen, aber alle Weiterentwicklung steht still bis wiederum durch Regen z. B. genügende Feuchtigkeit ihnen zum Wiederaufleben zu Gebote steht. Bei Abnahme der Feuchtigkeit ziehen sie sich immer mehr an solche Plätze zurück, wo die Feuchtigkeit am längsten sich erhält. Manchmal kommt ihnen nun in dieser Zeit der Not eine Wegeschnecke oder ein Regenwurm in die Nähe; es ist sehr begreiflich, daß sie in die mit der Außenwelt in Verbindung stehenden Höhlungen dieser Tiere, wie in andere feuchte Schlupfwinkel sich zu retten suchen; man hat in der That bisweilen solche freilebende Fadenwürmer in der schwarzen Wegeschnecke und in Regenwürmern gefunden.

Ändern sich nun die Dinge in der äußeren Natur wiederum in einer den Flüchtlingen zusagenden Weise, so suchen sie im angebornen Freiheitsdrange wiederum die freie Natur auf. Es wäre nun nicht unbegreiflich, daß einmal bei sehr langer Dauer der ungünstigen Bedingungen außerhalb die Flüchtlinge auch in der beschränkten Zufluchtsstätte nicht verschmähten, Familienfreuden zu erleben, denn „Raum ist in der kleinsten Hütte für ein glücklich liebend Paar.“ Geschlechter auf Geschlechter wären so zur Entsagung gezwungen; endlich wird aus der Not eine Tugend; sie passen sich in erhöhtem allmählich zunehmendem Maße den veränderten Lebensbedingungen an; aus dem Nomadengeschlechte ist ein seßhaftes Völkchen von Höhlenbewohnern geworden.

Wir dürfen nicht so hochmütig sein, zu glauben, nur der Mensch ändere nach den äußeren Bedingungen seine

Lebensgewohnheiten; auch die Tiere lernen, ja sie machen sich vielfach unzweifelhaft Neuerungen in ihrer Umgebung, die ihren Vorfahren völlig unbekannt waren, zu Nutzen. Über die Bienen berichtet man, daß sie in Gegenden mit immerwährendem Blütenflore versetzt, nur im Anfange Vorräte sammelten, bald aber erkannten, daß die neue Heimat zu jeder Zeit Nahrung in der freien Natur böte, und die sparsamen Gewohnheiten ihrer Vorfahren völlig aufgaben.

Sehen wir nun bei einzelnen Schmarotzern, welche für ihre im Freien zu verlebende Jugendzeit mit Bewegungsorganen gut ausgestattet sind, im seßhaften Alter solche verloren gehen, dafür aber kräftige Haftwerkzeuge auftreten, um sich an dem erworbenen Platze behaupten zu können, so werden wir für manche Formen von Schmarotzern, welche für ihr ganzes Leben schmarotzen, annehmen müssen, daß sie bei dem allmählich in vordenklichen Zeiten eingetretenen Übergange vom freilebenden Tiere in den Schmarotzerzustand, allmählich die unnötig gewordene Ausstattung verloren, ihren Nachkommen deshalb das Erbe der Vorfahren nicht hinterlassen konnten. Wir wissen nämlich, daß jedes Organ, das nicht gebraucht wird, verkümmert; so schwinden die Muskeln an einem Beine, das dauernd in Unthätigkeit gehalten wird, z. B. bei Kniegelenksentzündung, und gehen schließlich zu Grunde.

An manchen Schmarotzern sind Reste solcher Organe, welche ihre freilebenden Vettern in guter Ausbildung besitzen, noch als unbenutzte Ausstattung zu finden; andere wiederum sind den andern Aufgaben oder dem dauernden abweichenden Gebrauche entsprechend umgewandelt, so besonders Bewegungs- in Haftwerkzeuge. Nehmen wir wieder ein Beispiel vom Menschen: der menschliche Fuß ist an der zum Auftreten bestimmten Sohle mit dicker horniger Haut versehen, auf dem Fußrücken nur mit dünner zarter; ist aber krankhafter Weise der Fußrücken nach abwärts gerichtet, so entwickelt sich hier allmählich die Haut zu einer Art Fußsohle.

Es muß wohl angenommen werden, daß alle die unzähligen Schmarotzer erst allmählich zu solchen geworden sind, allerdings im Laufe von unendlichen Zeiträumen. Nur dadurch können wir außer anderen noch unlösbareren Schwierigkeiten dem für unsere Menschenwürde demütigenden Schlusse entgehen, daß der Mensch von Anfang an als Wohnung und Nahrung für gewisse niedere Tiere bestimmt sei, welche ohne ihn nicht existieren könnten, für deren Erschaffung das Vorhandensein des Menschen Vorbedingung gewesen wäre.

Für die Erwerbung von Schmarotzern gilt im allgemeinen natürlich als erste Bedingung, daß Eier, Junge oder bei Schmarotzern, welche eine Veränderung des Wohnortes nötig haben, Jugendformen in der entsprechenden Reife eingeführt werden.

Die Wege, auf welchen solche Keime, wenn wir der Kürze halber diesen Ausdruck wählen dürfen, zugeführt werden, sind ungemein mannigfaltig. Mit der Nahrung, wie mit den Getränken werden zahlreiche solche Keime Zugang finden; zufällige Verunreinigung der Hände, Eß- und Trinkgeschirre können die Einfuhr vermitteln; alle Keime, welche das Austrocknen vertragen, werden bei trockenem Wetter, besonders bei herrschenden Winden, dem Staube beigemischt zur Einfuhr kommen können. Bei den einzelnen zu besprechenden Schmarotzerformen werden genügende Beispiele aufgeführt werden.

Die Frage ist schon manchmal gestellt, was dies oder jenes Tier nütze; auch bei den Schmarotzern drängt sich unwillkürlich diese Frage auf; für den allgemeinen Haushalt der Natur sie zu beantworten, dürfte fast unmöglich erscheinen; vom Standpunkte des Menschen aber sind nur sehr wenige als nützlich oder in irgend einer Weise für ihn brauchbar zu bezeichnen.

Der Blutegel wird zu örtlichen mäßigen Blutentziehungen in der Heilkunde verwendet — die Kochenillelaus erzeugt einen Farbstoff, der wohl seit Erfindung der prächtigen Anilinfarben sehr in der Achtung gesunken sein dürfte; die Bandwürmer der Schnepfe entzücken in der Form des Schnepfendreckes den Gaumen des Jägers und Feinschmeckers; als „macaroni piatti“ flache Maccaroni wird in manchen Gegenden Italiens der Riemenwurm aus der Leibeshöhle von Süßwasserfischen mit Vorliebe gegessen.

Nennen wir noch die Verwendung des Mutterkorns in der Medizin, der Mistelbeere zur Anfertigung von Vogel- und Fliegenleim, so dürfte alles aufgezählt sein, was durch die Schmarotzer für den Menschen direkt geleistet wird. Im großen Haushalte der Natur aber sind ihnen wohl noch viel weitere Aufgaben gegeben; großen Nutzen verdankt die Menschheit der kleinen unscheinbaren aber zahllosen Schar von Schlupfwespen und ihren Verwandten; durch ihre unermüdliche Thätigkeit, mit der sie die Feinde der Pflanzen aufsuchen, um sie zur Nahrung ihrer Nachkommen zu machen, sind sie für die Menschen unersetzliche Gehilfen; hierher gehören vor allem die Schlupfwespen und ihre Verwandten, welche unzählige Raupen vernichten.

Durch Mégnin haben wir neuerdings einen sogenannten Hilfsschmarotzer in einer kleinen Milbe kennen gelernt, welche im Felle der Nager den Milben nachstellt, zwei ähnliche Hilfsschmarotzer, welche auf Vogelmilben Jagd machen, hat er bei Vögeln entdeckt.

Nach der Ansicht mancher allerdings erwerben sich die Schmarotzer auch noch andere Verdienste; so sollen zum Teil die Darmschmarotzer nicht nur völlig harmlose Gäste, sondern sogar eine Art gute Engel und allzeit bereite Nothelfer der

Kinder sein, welche ihnen den überflüssigen Schleim wegzehren; ja noch höhere Aufgaben sollten ihnen gestellt sein; als Beispiel dieser Anschauung möge ein Satz aus Jördens' großem Kupferwerke*) dienen:

„Keine Materie der ganzen organischen und nicht organischen Natur ist ohne Bewohner, und der Mensch so wenig als der kleinste Wurm hiervon ausgeschlossen, weil im ganzen Universum Leben und Glückseligkeit der Lebenden verbreitet sein und immer ein Geschöpf dem anderen Nahrung und Aufenthalt geben sollte. Viele dieser Bewohner gelangen nur zufällig in und auf den menschlichen Körper und sind daher bloß als Schmarotzer anzusehen, andere aber gehören ihm so eigentümlich zu, daß er in Beziehung auf sie eine Welt zu nennen ist; ihr Wohlsein und ihre Existenz hängen ganz von dem Wohlbefinden und dem Leben desselben ab. Die ihm anklebende Laus, der auf ihm herumirrende Floh, der in seinen Eingeweiden verborgen lebende Wurm rc. werden beunruhigt und zu seiner größeren Pein in vermehrte Thätigkeit gesetzt, wenn Fieberhitze ihn quält und fliehen ihn oder kommen auf und in demselben um, wenn ihn mit dem Tode die Lebenswärme verläßt. So rätselhaft die Bestimmung sowohl dieser eigentümlichen Bewohner, als jener zufälligen Feinde in Beziehung auf den Menschen selbst zu sein scheint, indem sie seine Geduld oft ermüden, ihn verfolgen, ihm manche widernatürliche Reize und schmerzhafte Empfindungen veranlassen, ihn manchen Gefahren aussetzen und scheinbar wenig oder keinen Nutzen schaffen, so tragen sie doch gewissermaßen zur Erhaltung seines physischen Wohles bei. Die

---

*) Entomologie und Helminthologie des menschlichen Körpers, von Jördens, kgl. preuß. Hofrat, d. kurfürstl. Maynz. Akad. nützl. Wissenschaften zu Erfurt u. d. mineral. Societät zu Jena Ehrenmitglied. Hof 1801.

seine Oberfläche bewohnenden Insekten nötigen ihn, seinen Körper, seine Kleidung, Betten, Wohnungen rc. rein zu halten, und hierdurch selbst gesunder, brauchbarer und unanstößiger in den verschiedenen Verhältnissen des Lebens zu bleiben; die in seinen Eingeweiden wühlenden Würmer aber machen ihn aufmerksam, sich vor gewissen Speisen zu hüten, welche die Vermehrung dieser Würmer begünstigen und seiner Gesundheit nachteilig sind, und zehren zugleich, indem sie ihm lästig werden, den schädlichen Überfluß, den ihn beschwerenden Schleim, auf. Wahrscheinlich erfüllen sie aber außerdem noch eine höhere Absicht im Plane des allweisesten Schöpfers, der zur Unterhaltung eines beständigen Wechsels von Untergang und Aufleben in der Natur schon bei der Entstehung jedes Geschöpfes die Mittel zur Beschränkung seiner Lebensdauer angeordnet und deswegen jedem Tiere seine Feinde zugeteilt hat, um allmählich der möglichst größten Menge Geschöpfe einer und derselben Art die Freuden der ihr auf dem Erdenrunde angewiesenen, aber gleichzeitig immer nur für eine bestimmte Anzahl erreichbaren Glückseligkeit zu gewähren. Wahrscheinlich gehören sie also, indem sie so manche gefährliche ja tödliche Zufälle zu erregen und die Verpflanzung gewisser Krankheitsmaterie zu befördern im Stande sind, wie das zahllose Heer der Krankheiten selbst zu den Mitteln, den Untergang und die Auflösung des menschlichen Körpers, nachdem er seine irdische Bestimmung erreicht hat, zu befördern."

Heutzutage dürften wenige mehr diesen Standpunkt teilen oder van Beneden sich anschließen, wenn er in seinem Büchlein „die Schmarotzer des Tierreichs" S. 98 sagt: „Der Mensch beherbergt im ganzen einige Dutzend Schmarotzer, und das Vorkommen der furchtbarsten unter ihnen veranlaßt in gewissen Ländern einen Gesundheitszustand, um den man sich beneidet." Es dürfen wohl kaum die

Schmarotzer als die Ursache des beneidenswerten Gesundheitszustandes angesehen werden, richtiger wäre wohl zu sagen, daß sehr häufig trotz der Schmarotzer ein recht guter Gesundheitszustand bestehen kann.

Gar manchmal mag uns auch ein Schmarotzer völlig harmlos erscheinen, der dann plötzlich als höchst gefährlicher Gast entlarvt wird; so wurde die Trichine 30 Jahre lang als bloße Rarität und Kuriosität angesehen, bis sie Zenker durch Entdeckung der Trichinenkrankheit als einen der schlimmsten unserer Schmarotzer nachwies.

Es unterliegt keinem Zweifel, daß in vielen Fällen kein merklicher Nachteil aus der Anwesenheit von Schmarotzern für den Wirt erwächst; das alles berechtigt jedoch nicht zu obiger Anschauung. Im allgemeinen gilt, daß auch die harmlosesten Schmarotzer nicht ganz ohne Nachteil für den Wirt sein werden, wenn er auch im Vollgenusse seiner Gesundheit des geringen Schadens nicht gewahr wird. In einer größeren Zahl von Formen ist die Einwirkung der Schmarotzer mehr oder weniger fühlbar, und in einer nicht geringen Zahl der Schmarotzer sind furchtbare Feinde für ihre Wirte erkannt; diese erliegen den kleinen Feinden nicht weniger als einem Raubtiere, nur ist der Untergang ein verlangsamter und mit länger dauernden größeren Qualen verbunden.

Zahlreiche junge Tauben siechen hin und sterben an einer Art Abzehrung allein durch die heftigen Reizungen, welche ein in unzähligen Mengen in ihrem Darme hausender winziger Haarwurm bewirkt.

Aber nicht weniger als solche zarte und schwache Tiere erliegen auch die Stärksten und Mächtigsten vereinter Thätigkeit ihrer oft kaum sichtbaren Schmarotzer.

Ein Königstiger starb in Hamburg unter den heftigsten Schmerzensäußerungen. Sein Darm fand sich mit zahlreichen halbkirschgroßen Beulen besetzt, in denen ich kleine Pallisadenwürmer fand; ihren an unzähligen Stellen wiederholten Angriffen und Blutentziehungen erlag das gewaltige Raubtier, vor dem sonst alle Tiere zittern. Neben den genannten Tiger-Bezwingern fanden sich noch sogenannte Kratzer im Darme und sehr zahlreiche sonderbare junge Schmarotzer in geschichteten Chitinkapseln in der Darmwand eingeschachtelt.

Es ist selbstverständlich in jedem einzelnen Falle genau zu prüfen, ob ein Schmarotzer wirklich schadet, oder ob er nur ein zufälliger Befund bei einem Geschöpfe ist, das an einer anderen Krankheit leidet. In der älteren Medizin wurde den Schmarotzern wiederum eine zu hohe Bedeutung beigemessen; bei den mangelhaften Kenntnissen vom normalen Bau und noch vielmehr von den krankhaften Veränderungen konnte man sehr häufig keine anderweitige Abweichung auffinden, während Schmarotzer bei ihrem häufigen Vorkommen oft gefunden wurden; was war natürlicher, als daß bei Mangel anderer Ursachen diese für die beobachteten Krankheitserscheinungen verantwortlich gemacht wurden; besonders die Darmschmarotzer spielten so eine große Rolle; dazu kommt noch, daß sie häufig in fieberhaften Krankheiten von selbst abgehen; trat dann Genesung ein, so schien der Zusammenhang bewiesen.

Ein derartiges Beispiel aus neuester Zeit, wie aus ungenügender Untersuchung falsche Schlüsse gezogen werden, gibt der Bericht von Dr. Romano über eine unter den Katzen in Osoppo 1876 herrschende Seuche. Es war die Stadt den ganzen Sommer von Ratten überschwemmt, die besten Rattenjäger unter den Katzen erkrankten und starben; die Krankheitserscheinungen waren: Appetitverlust, bisweilen Erbrechen, eingezogener Bauch, leichter Durchfall zuerst, dann Verstopfung, große Schwäche, Seh- und Hörstörungen, Konvulsionen und Muskelkontraktionen. Als Befund an Gestorbenen wurde angegeben: Eng zusammengezogener Magen mit katarrhalischer Entzündung der Schleimhaut, sonst alles normal; bei zwei Tieren fand sich im Magen ein dickhalsiger Bandwurm (Taenia crassicollis), bei einem dritten kein solcher. Einzelne Tiere sollten ähnliche Würmer erbrochen haben. Dr. Romano schloß nun, daß das Sterben der Katzen durch diesen Bandwurm bedingt war, da die Finne dieses Bandwurmes, die bandförmige Finne (Cysticercus fasciolaris) in der Leber der Ratten und Mäuse sich findet.

Es kann für den unbefangenen Leser kaum ein Zweifel sein, daß es sich bei der Seuche um eine Trichinen-Epidemie handelte. Fast in jeder Katze findet man ein oder mehrere Exemplare des Bandwurms, ohne daß die Katzen eine Spur von Krankheit zeigten; alle Erscheinungen aber weisen auf Trichinen-Invasion hin, welche von den Ratten bezogen sein konnten.

Das Beispiel, in welchem allerdings ein anderer Schmarotzer der Übeltäter ist, zeigt, wie fehlerhaft es ist, irgend einen sonst als harmlos bekannten Gegenstand als Ursache schwerer Erscheinungen anzusprechen, wenn eine augenfällige Ursache nicht sofort gefunden wird. Es darf wohl hier an das Wort „Erkältung" erinnert werden; für jede Erkrankung, deren Ursache nicht sofort zu Tage liegt, wird unbedenklich Erkältung angenommen; aus Furcht vor dieser vermeintlichen Wurzel alles Übels haben die meisten Menschen eine unbesiegbare Abneigung vor reiner Luft und ziehen vor, in der scheußlichsten von den Auswurfsstoffen der menschlichen Atmung und Hautausdünstung verunreinigten Atmosphäre zuzubringen, welche unzweifelhaft die menschliche Gesundheit schädigt.

Die Schmarotzer können in mannigfacher Weise ihren Wirten Schaden zufügen. Die Harmlosesten können ihren Gastgeber schon genügend plagen durch die ewige Unruhe, welche sie ihm bereiten. So wäre die große Gruppe der

Federlinge und Haarlinge völlig unschädlich, ja vielleicht in der That nützlich, da sie meist nur von den Abfällen der Haut leben. Durch ihre Wanderungen aber und ihr Herumirren im Haar- oder Federkleide der Wirte können sie diese in hohem Maße herunterbringen, da sie Tag und Nacht vor dem Kitzel keine Ruhe finden können. In ähnlicher Weise wirken viele Schmarotzer eben nur durch die Beunruhigung nachteilig auf ihre Träger ein; ein Floh peinigt den Menschen weit mehr durch sein Umherirren als durch den Stich und die Blutentziehung, die oft kaum oder gar nicht zum Bewußtsein kommen.

In ähnlicher Weise steht es mit manchen Binnenschmarotzern, so z. B. mit dem Pfriemenschwanze, der allein durch seine kitzelnden Bewegungen zum unerträglichsten Quälgeiste werden und den Besitzer fast zur Verzweiflung bringen kann.

Sodann können die Schmarotzer ihren Wirten zum Nachteile gereichen, indem sie von deren Nahrungsstoffen leben, und auf deren Kosten Nachkommenschaft erzeugen. Eine große Reihe von Schmarotzern würde hier in Betracht kommen. In vielen Fällen wird dieser Verlust an Nahrungsstoffen kein sehr merklicher sein; denn die Größe des Verbrauches wird wohl kaum hoch anzuschlagen sein.

Anders steht es, wenn die Schmarotzer von den Säften und Geweben ihrer Wirte selbst leben; es werden dabei oft sehr bedeutende Verluste von Säften oder ausgedehnte Zerstörungen der Gewebe verursacht. So gehen durch die Fadenwürmer, welche im menschlichen Blute hausen, große Mengen Blutes, besonders aber von Säften (Lymphe, Chylus) verloren; die Trichinen zerstören gewaltige Mengen von Fasern der willkürlichen Muskeln.

Sodann können die Schmarotzer einfach als Fremdkörper wirken, welche Kanäle verlegen, Hohlräume zusammenpressen,

Organe und Gewebe verdrängen und durch ihren Druck zum Schwund bringen können. Plötzlicher Tod ist nicht selten beobachtet durch Einlagerung von Schmarotzern in die Luftwege, durch Verschluß großer Blutgefäße, durch Druck auf Gehirn, Rückenmark oder andere wichtige Teile, Erblindung durch Finnen in den Augen.

Endlich können Schmarotzer hitzige oder schleichende Entzündungen erregen, welche zum Tode oder zu lange dauerndem Siechtume des Wirtes führen. So gehen Pferde an Verblutung aus Pulsadergeschwülsten zugrunde, welche durch den Entzündungsreiz von Pallisadenwürmern entstehen.

Chemische Einwirkung kommt auch manchen Schmarotzern zu, doch dürfte solche keine allzugroße Rolle spielen.

In vielen Fällen wird sich schwer entscheiden lassen, auf welche Weise ein Schmarotzer nachteilig wirkt; gar oft werden solche in mehrfacher Weise sich geltend machen, so z. B. zugleich reizend wirken und Säfte entziehen.

Kaum auf einem andern Gebiete der Naturwissenschaften sind so zahlreiche Täuschungen und Irrtümer zu verzeichnen, als gerade in der Lehre von den Schmarotzern. Besonders Leute, welche sich viel mit ihrer Gesundheit beschäftigen, Hypochonder und Hysterische pflegen mit ängstlicher Sorgfalt alles zu überwachen, was mit ihren wirklichen oder eingebildeten Leiden in Zusammenhang stehen könnte; sie untersuchen aufs sorgfältigste alle ihre Entleerungen und legen Sammlungen aller ihnen dabei auffallenden Dinge an; solche werden dann dem Arzte in der Regel als Schmarotzer präsentiert; besonders unverdauliche Gegenstände, Blutgefäße und Nerven des genossenen Fleisches, Pflanzenfasern und alle möglichen andern Dinge gehören hierher.

Dann spielen verschiedene krankhafte Absonderungen eine Rolle und werden für Schmarotzer gehalten; besonders zähe Schleimstränge bei Dickdarmkatarrh wurden mir wiederholt als Bandwürmer eingesandt. Blutgerinnsel haben nicht selten zu großen Täuschungen Veranlassung gegeben. Einer der interessantesten Fälle, in welchem ein solches für einen Riesen-Pallisadenwurm gehalten wurde, hat erst in den letzten Jahren gespielt; der junge Arzt, welcher die Beschreibung des fälschlichen Wurmes mit einer hübschen lithographierten Tafel ausgestattet drucken ließ, soll seine Deckgläschen für die mikroskopische Untersuchung in einer ehemaligen Pillenschachtel aufbewahrt haben; er bekam deshalb immer Dinge, welche er für die Eier des vermeintlichen Wurmes hielt, da sie in der That eine entfernte Ähnlichkeit damit hatten. Prof. Zenker in Erlangen aber erkannte in den Eiern die Sporen des Bärlapps und entlarvte den Schmarotzer als ein Blutgerinnsel. Die Schrift ist dadurch eine gesuchte Rarität geworden.

Außer Dingen wie die genannten wurden aber früher unzählige kleinere Tiere als gelegentliche Schmarotzer des Menschen angenommen. Jedes Tier, wenn es nur klein genug war, könnte, so meinte man, bei größeren Tieren, besonders aber beim Menschen, schmarotzend zubringen. Besonders Würmer, Insekten, Spinnen, Schlangen, Frösche, Eidechsen, Vögel, ja junge Hunde und Katzen behauptete man, seien wirklich als Gäste im Innern des Menschen gefunden worden. Jördens hat noch 1802 in seinem großen Kupferwerke mit treuer Sorgfalt alle die Fabeln gesammelt mitgeteilt. Bis auf den heutigen Tag noch kann man ähnlichen Angaben in den Zeitungen begegnen. Es bedarf kaum der Erwähnung, daß alle solche Behauptungen auf absichtlicher oder unabsichtlicher Täuschung beruhen; namentlich hysterisch Kranke suchen mit Vorliebe ihre Ärzte mit unglaublicher Geriebenheit zu täuschen. Die meisten der genannten Tiere vermögen nicht einmal kurze Zeit in den Organen, besonders den Verdauungsorganen, des Menschen leben zu bleiben.

Die unzählige Schar der Schmarotzer gehört fast ohne Ausnahme den niederen Tierklassen zu. Unter den Wirbeltieren sind wohl nur Fische in einer Art von Schmarotzerverhältnis zu anderen, ja sogar zu niedriger stehenden Tieren gefunden.

So findet die Brut des Stichlings in den Kiemenfächern der Malermuschel einen angenehmen Schlupfwinkel; bis zur Länge von sechs Millimeter wachsen sie darin heran; meist fügen sie ihr keinen Nachteil zu; wenn sie aber in großer Zahl dieselbe Muschel als Wirt sich ersehen, könnten sie ihr wohl recht unbequem und vielleicht auch schädlich werden; bis zu 17 Stück hat man in einer Malermuschel beisammen angetroffen.

In verschiedenen Holothurien oder Seegurken finden sich als Schmarotzer sehr lange, dünne, zierliche Fischchen, Schlangenaale oder Donzelle.

Die Schlangenaale sind nicht die einzigen Gäste der Holothurien; sie müssen viel Anziehendes überhaupt haben; es hausen in ihnen noch andere schmarotzende Fische; so fand Semper auf den Philippinen in dem Atmungsorgane von Holothurien eine Fischart (Fierasfer), welche, wie es scheint, von den Teilen ihres Wirtes selbst zehrt. Semper hat im Magen des Gastes Teile von der Lunge des Wirtes gefunden.

Abgesehen von wenigen anderen Fischen gehören die Schmarotzer sämtlich zu den niederen Tieren. Besonders sind es die Gliedertiere und die Würmer, welche die größte Zahl derselben liefern.

Eine sehr große Zahl von Schmarotzern liefern die Insekten. Sowohl der Mensch, wie die Haustiere werden durch solche vielfach heimgesucht. Meist sind sie Außenschmarotzer, doch lebt eine nicht geringe Zahl zeitweilig im

Körperinnern, wie die Larve der Magenbremse im Pferdemagen, die der Schafbremse in der Nase der Schafe.

Unter den bei Menschen und Tieren gefundenen Insektenlarven sind manche jedoch nur als zufällige Schmarotzer zu bezeichnen, denen es nicht um den Aufenthalt bei einem lebenden Wesen, sondern nur um die organischen Stoffe, ob lebend oder tot, zu thun ist. So sieht man bisweilen schlecht gehaltene Wunden von Fliegenmaden wimmeln, welche sonst in faulenden Stoffen sich zu entwickeln pflegen. Der Fäulnisgeruch hat hier die Mutterfliege veranlaßt, ihre Brut an einem ungewohnten Orte abzusetzen.

Eben so liefern die Spinnentiere (Arachniden) äußerst zahlreiche Schmarotzer; unter ihnen aber ist die Abteilung der Milben sowohl an Zahl wie Interesse weit über alle andern hervorragend.

Eben so bieten die Krebse eine große Zahl von Schmarotzern, doch kommt kein hierher gehöriger Schmarotzer beim Menschen vor, sie bewohnen Wassertiere.

Würmer und Urtiere liefern die Hauptzahl der beim Menschen und den höhern Tieren schmarotzenden Gäste.

Die Schmarotzer des Menschen.

Wie an den Herrscher eines Landes die meisten Ansprüche von Seite der Unterthanen gemacht werden, so genießt der Mensch als Herr der Schöpfung den zweifelhaften Vorzug weitaus von den zahlreichsten Schmarotzerarten in Anspruch genommen zu werden. Die tierischen Schmarotzer übersteigen allein bereits weit das halbe Hundert; sehr wahrscheinlich ist ihre Reihe aber noch nicht abgeschlossen, sondern es ist besonders in außereuropäischen Ländern noch Zuwachs zu erwarten; hat doch das letzte Jahrzehnt allein uns mit einem Dutzend bis dahin unbekannter Gäste bekannt gemacht; und noch sind wir nicht einmal in Europa zum Abschluß gekommen: so findet sich in Erlangen in Professor Zenkers Besitz ein sonst noch nicht beobachteter Bandwurm; einen aus der Linse eines menschlichen Auges stammenden Rundwurm verdanke ich der Güte meines Kollegen Professor Völckers in Kiel, und so mögen noch viele neue Funde gemacht werden.

Es ist nun allerdings nicht sicher, daß der Mensch seine hervorragende Stellung, was die Zahl der Schmarotzerarten betrifft, immer behaupten wird; wären alle Tiere eben so sorgfältig auf Schmarotzer geprüft, wie der Mensch, so würde er vielleicht von manchen übertroffen werden.

Unter den Schmarotzern, welche als beim Menschen gefunden aufgezählt werden, sind einige, welche aus früherer Zeit stammen und deshalb nicht ganz sichergestellt sind.

Ein halbes Dutzend der tierischen Schmarotzer des Menschen gehören zu den Urtieren (Protozoen), etwa 40 zu den Würmern, etwa 20 zu den Gliedertieren (Arthropoden).

Von dieser ganzen Zahl sind allerdings viele entweder eigentlich Schmarotzer von Tieren und nur ausnahmsweise beim Menschen gefunden, oder so selten, oder auch nur ein einziges Mal beim Menschen getroffen, daß auch bei ihnen als die eigentlichen Wirte sicherlich andere Tiere anzunehmen sind.

Über die Häufigkeit von Schmarotzern in einzelnen Gegenden liegen nur allgemeine Angaben ohne besondere ziffermäßige Begründung vor. Nur Professor Zenker verdanken wir eine sorgfältige Zusammenstellung, wonach er in Dresden 1852—62 unter 1939 Individuen die drei häufigsten Schmarotzer in folgender Häufigkeit fand:

Zahl der		mit Spulwurm	mit Pfriemenschwanz	mit Peitschenwurm
Männer . .	1164	95 = 8,1 %	24 = 2,1 %	35 = 3 %
Frauen . .	739	70 = 9,5 %	19 = 2,5 %	11 = 1,5 %
Kinder . . .	36	15 = 41,6 %	0 = 0 %	4 = 1,1 %
Sa.	1939	180 = 9,1 %	43 = 2,1 %	60 = 2,5 %.

In Erlangen dagegen fand Zenker 1862—72:

Zahl der		mit Spulwurm	mit Pfriemenschwanz	mit Peitschenwurm
Männer .	845	93 = 11 %	113 = 13,4 %	107 = 12,7 %
Frauen . .	513	81 = 15,7 %	57 = 11,1 %	69 = 13,5 %
Kinder . .	397	53 = 13,3 %	43 = 10,8 %	19 = 4,8 %
Sa.	1755	227 = 12,9 %	213 = 12,13 %	195 = 11,11 %.

Eine kleinere Statistik habe ich für Kiel geliefert; ich fand unter 890 Personen folgendes Verhältnis:

Zahl der		mit Schmarotzern
Männer . . .	392	189 = 48,2 %
Frauen	268	139 = 51,8 %
Kinder	230	117 = 50,8 %
Sa.	890	445 = 50 %.

Nicht weniger als die Hälfte aller war also mit tierischen Schmarotzern behaftet.

Die drei häufigsten Schmarotzer fanden sich bei

	Spulwurm	Pfriemenschwanz	Peitschenwurm
Männern . . .	44 = 11,2 %	81 = 20,6 %	119 = 30,3 %
Frauen	60 = 22,3 %	56 = 20,8 %	84 = 31,3 %
Kindern	59 = 25,6 %	80 = 35 %	80 = 35 %
Sa.	163 = 18,3 %	217 = 24,4 %	283 = 31,8 %.

Es sind dies die einzigen bis jetzt vorhandenen zuverlässigen Statistiken, die ein überraschend häufiges Vorkommen von Schmarotzern in unsern zivilisierten Ländern beweisen. Allerdings soll in anderen Ländern das Vorkommen noch weit häufiger sein, ja bei vielen Völkern besonders auf niederen Kulturstufen soll kaum ein Individuum frei von ihnen gefunden werden.

Noch einige Angaben über die Häufigkeit der Schmarotzer mögen von Interesse sein.

Nach Conta kommt in Thüringen 1 Bandwurmbesitzer auf 3315 Einwohner, in den Physikatbezirken Eisenach, Apolda, Jena und Weimar dagegen schon 1 auf 486.

Eine Berechnung aus dem Verbrauche der gebräuchlichsten Bandwurmmitteln in den Apotheken der Stadt Hannover ergibt als Durchschnitt aus drei Jahren 1841 Bandwurmkuren; $^2/_7$ auf die ländliche Bevölkerung abgerechnet bleiben für etwa 70000 Einwohner 1431 Bandwurmkuren oder eine auf 48 Einwohner.

In Haparanda soll kein Haus sein, von dessen Einwohnern nicht ein oder mehrere den Grubenkopf beherbergen.

In Genf soll nach Odier ein Viertel aller Einwohner denselben Schmarotzer besitzen; in Dorpat haben ihn 6 %, in Petersburg 15 %.

Eben so große Unterschiede ergeben sich in Bezug auf die Zahl der einzelnen Schmarotzer bei demselben Individuum; während bei uns 50 Spulwürmer in einem Menschen schon ein seltnerer Befund sind, finden sich bei auf niedriger Kulturstufe stehenden Menschen oft unglaubliche Mengen von Schmarotzern; über 1000 Spulwürmer zählte Cruveilhier bei einem blödsinnigen Mädchen.

Bei einem Manne fand ich einst so unzählige frisch eingewanderte junge Finnen, daß ihre Zahl allein im Herzfleische auf über 1800 sich belief; in ähnlicher Weise war aber der ganze Körper mit Finnen überschwemmt, so daß die frische Finnen-Invasion als die Todesursache angesehen werden mußte.

Alter und Geschlecht macht für die Erwerbung des Schmarotzers keinen Unterschied, wenigstens für die drei häufigsten Schmarotzer ergibt die gegebene Zusammenstellung (S. 25), daß die Meinung, Spulwürmer, Pfriemenschwänze u. s. w. seien dem Kindesalter eigen, unrichtig ist.

Eine Anzahl der wichtigsten beim Menschen gefundenen Schmarotzer werden nachstehend eingehender beschrieben, andere beim Menschen nur gelegentlich zur Beobachtung kommende, welche eigentlich unseren Haustieren angehören, werden bei diesen Tieren Besprechung finden, wieder andere finden nur eine einfache Erwähnung in dem übersichtlichen Verzeichnis aller beim Menschen sicher beobachteten tierischen Schmarotzer.

Verzeichnis der tierischen Schmarotzer des Menschen.

I. **Protozoen** (Urtierchen).

1. Amöben
2. Gregarinen (Psorospermien)
3. Cercomonas intestinalis
4. Trichomonas intestinalis
5. „ vaginalis
6. Balantidium coli.

II. **Würmer.**

a. Plattwürmer.

1. Taenia solium (bewaffneter Bandwurm)
2. „ saginata (feister „)
3. „ cucumerina (kürbiskernförmiger Bandwurm)
4. „ nana
5. „ flavopunctata
6. „ madagascariensis
7. „ lophosoma
8. „ tenella
9. Bothriocephalus latus (breiter Grubenkopf)
10. „ cordatus (herzförmiger Grubenkopf)
11. „ cristatus
12. Echinococcus (Finne des dreigliedrigen Hundebandwurms)
13. Cysticercus acanthotrias

---

14. Distomum hepaticum (großer Leberegel)
15. „ lanceolatum (kleiner „)

16. Distomum crassum
17. „ heterophyes
18. „ ophthalmobium
19. „ conjunctum
20. „ sinense
21. „ haematobium (Bilharzia)
22. Amphistoma hominis.

b. Rundwürmer.

1. Ascaris lumbricoides (Spulwurm)
2. „ mystax (Katzenspulwurm)
3. „ maritima
4. Oxyuris vermicularis (Springwurm)
5. Trichocephalus dispar (Peitschenwurm)
6. Trichina spiralis
7. Dochmius duodenalis
8. Strongylus gigas (Riesenpallisadenwurm)
9. „ longevaginatus
10. Dracunculus medinensis (Medinawurm)
11. Filaria Bancrofti (sanguinis)
12. „ Loa
13. „ lentis
14. „ labialis
15. „ oris
16. „ bronchialis
17. Echinorrhynchus gigas (Riesenkratzer)
18. Leptodera stercoralis
19. „ intestinalis.

III. **Arthropoden** (Gliedertiere).

1. Pentastomum denticulatum
2. „ constrictum
3. Acarus folliculorum

4. Sarkoptes scabiei
5. „ Scheremetewsky
6. Tyroglyphus Mericourti
7. Ixodes Ricinus (Zecke)
8. „ marginatus
9. „ americanus
10. Dermanyssus avium (Vogelmilbe)
11. Leptus autumnalis (Herbstgrasmilbe)
12. Pediculus capitis (Kopflaus)
13. „ vestimenti (Leiblaus)
14. „ pubis (Filzlaus)
15. Pulex irritans (Floh)
16. Rhynchoprion penetrans (Sandfloh)
17. Cimex lectularius (Bettwanze)
18. Argas persicus (Giftwanze von Miana)
19. „ reflexus (Saumzecke)
20. „ mauritianus
21. „ chinche
22. Oestrus hominis
23. Lucilia hominivorax
24. Cuterebra noxialis (Macac=Wurm).

Die Zahl der Gliedertiere, welche vielleicht hier aufzuführen wären, ist weit größer, etwa ein halb hundert der verschiedensten Arten werden gelegentlich als mehr oder weniger sicher angegeben. Verschiedene Fliegenlarven sind bei unreinlich gehaltenen Menschen gefunden; besonders in vernachlässigten Wunden mit übelriechendem, sich zersetzendem Eiter habe ich wiederholt Fliegenlarven gesehen; eben so sind andere Larven besonders von Schmeiß= und Fleischfliegen unter solchen Verhältnissen gefunden.

Auch die Zahl der Zecken (Ixodes), welche gelegentlich den Menschen befallen, ist mit den oben aufgezählten nicht erschöpft.

Auch Blutegelarten werden als Schmarotzer des Menschen angeführt; sie greifen Menschen und Tiere an und sind in manchen Gegenden für Reisende eine fürchterliche Plage. Besonders sind solche Blutegel, welche nicht im Wasser, sondern an feuchten Orten, in Wäldern und Gebüschen leben, in den heißen Ländern sehr verbreitet. Aus Ceylon, den Philippinen, Brasilien und Afrika wird über verschiedene solche blutdürstige Geschöpfe Bericht gegeben.

Über die pflanzlichen Schmarotzer werde ich später in Kürze berichten.

Die Bandwürmer.

Der sogenannte Bandwurm ist nicht ein Tier, sondern eine Tierkolonie. Diese bandförmig an einander gereihte Kolonie besteht aus dem sogenannten Kopfe, dem Halse und der Bandwurmkette.

Der Kopf ist eine larvenartige Amme, welche durch Knospung auf ungeschlechtlichem Wege die einzelnen Tiere der Kolonie, die Glieder erzeugt. Der Kopf (scolex) ist mit verschiedenen Haftwerkzeugen ausgestattet, mit deren Hilfe er an der Darmwand sich festhält. Diese Haftwerkzeuge sind zwei oder vier schröpfkopfartig wirkende Sauggruben oder Näpfe; neben ihnen finden sich bei zahlreichen Arten auf dem Scheitel Kränze von scharfen krallenartigen Häkchen.

Der Hals ist ein feines flaches Fädchen, an welchem noch keine Gliederung zu erkennen ist; er ist meist kurz, nur wenige Millimeter lang.

Die Glieder gehen ganz allmählich aus dem Halse hervor, werden immer größer, je weiter sie durch am Halse nachwachsende vom Kopfe entfernt werden; sie sind durch deutliche scharfe Linien von einander abgegrenzt; der vordere Rand der Glieder ist etwas schmäler und in den breiteren hinteren Rand des dem Kopfe näher liegenden Gliedes eingesenkt.

Indem die Glieder heranwachsen, werden sie geschlechtsreif; sie sind Zwitter und erzeugen Eier in sich. Endlich werden die ganz reifen erwachsenen Glieder von der bandartigen Tierkolonie gelöst, führen noch einige Zeit ein Sonderleben im Darme und gehen endlich nach außen ab, um außerhalb zu Grunde zu gehen.

Die Bandwürmer haben weder Mundöffnung, noch Verdauungsorgane; sie leben immer im Darme ihrer Wirte von dem Speisebrei umspült und nehmen durch ihre ganze Oberfläche aus diesem ihre nötigen Nahrungssäfte auf; die abwechselnde Verkürzung und Verlängerung ihres Körpers durch Zusammenziehung ihrer Quer- und längsverlaufenden Muskeln wirken wahrscheinlich nach Art einer Druck- und Saugpumpe zur Säfteaufnahme. Die Bandwürmer leben nie als entwickelte Form in anderen Teilen als im Darme; eine von v. Linstow beschriebene Lebertänie (Taenia hepatica) aus der Ratte ist die längst bekannte bandförmige Finne (Cysticercus fasciolaris) des Katzenbandwurmes (Taenia crassicollis), deren Leib bis 90 mm lang wird.

Die Eier der Bandwürmer sind unter günstigen Umständen für das bloße Auge gerade erkennbare feinste weiße Pünktchen; durch Vergrößerungsgläser erkennt man, daß sie in einer meist sehr dicken, festen, leicht bräunlichen Schale einen feinen kugligen Embryo einschließen; dieser Embryo ist mit drei Paaren zierlicher Häkchen bewaffnet.

Gelangen nun solche Embryonen enthaltende Eier in den Magen eines geeigneten Tieres, so wird durch den Magensaft die Eischale gelockert oder gelöst, das eingeschlossene Junge wird befreit und begibt sich durch die Magen- oder Darmwand hindurch in irgend welche andere Teile des Wirtes; es bahnt sich seinen Weg mit Hilfe seiner drei Paar Häkchen; welche Wege es einschlägt, ist noch nicht ganz sicher; die Embryonen verschiedener Bandwurmarten wandern wahrscheinlich auf verschiedenen Wegen; entweder bohren sie sich immer weiter durch die Gewebe bis in einen für ihre weitere Entwicklung günstigen Teil oder sie geraten in die Blutgefäße und werden mit dem Blutstrome in die verschiedensten Teile verflößt.

Mag nun dieser Weg sein, welcher er wolle, in dem passenden Teile angelangt werfen sie ihre Häkchen ab, da sie der Bohrwerkzeuge nicht mehr bedürfen, nehmen aus den umgebenden Gewebssäften durch ihre Oberfläche Nahrung auf und wachsen zu größeren Körnchen heran. Wenn sie eine bestimmte Größe erreicht haben, scheidet sich in ihrem Innern eine wässerige Flüssigkeit aus, sie werden zu wasserklaren Bläschen; dieses Bläschen wächst weiter; hat es die Größe etwa eines Mohnkorns bis kleinen Stecknadelknopfes erreicht, so wächst in das Bläschen hinein ein flaschenförmiger kleiner weißer Körper, dessen innerer Teil zu einem neuen Bandwurmkopfe wird, ähnlich dem Bandwurmkopfe, von welchem das Ei abstammte.

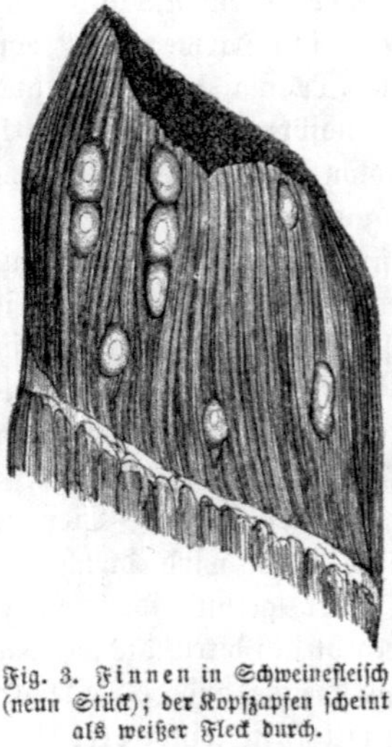

Fig. 3. Finnen in Schweinefleisch (neun Stück); der Kopfzapfen scheint als weißer Fleck durch.

Der Bandwurmkopf wächst, das Bläschen mit ihm, so daß schließlich eine erbsen- bis bohnengroße Blase daraus wird, durch deren zarte Wand man den weißen Bandwurmkopf als ein weißes Korn durchscheinen sieht; diese Blase nennt man Finne (Fig. 3).

Werden solche Finnen mit dem Teile, in welchem sie sitzen, von dem geeigneten Tiere verschluckt, so streckt sich der

Kopf aus der Blase nach außen, indem er sich handschuhfingerartig umstülpt; die Blase, welche nun zur sogenannten Schwanzblase wird, hat ihren Zweck erfüllt und geht durch den Magensaft zu Grunde, sie wird verdaut; der Bandwurmkopf aber gerät mit dem Speisebreie in den Darm und saugt sich dort mit Hilfe seiner Saugnäpfe fest; der etwa vorhandene Hakenkranz trägt zum Festerhaften bei. Der Kreislauf beginnt nun wieder, indem der Kopf wiederum Glieder durch Sprossung aus sich entstehen läßt.

In dieser Weise verläuft die Lebensgeschichte des Bandwurms; wir sehen nicht wie bei den höheren Tieren, das Leben jedes Individuums in ganz gleichartiger Weise ablaufen, sondern es wechseln in Gestalt, Lebensweise und Aufenthaltsort so sehr von einander abweichende Geschöpfe regelmäßig mit einander ab, daß das lange über ihrer Lebensgeschichte ruhende Dunkel kein Wunder nehmen kann.

Schon frühe zwar war einzelnen Forschern die große Ähnlichkeit der in den Finnen sich findenden Köpfe mit einzelnen Bandwurmköpfen nicht entgangen; so hatte der als Helminthologe und Naturforscher berühmte Pastor Göze in Quedlinburg die Übereinstimmung des Katzenbandwurms mit der Mäusefinne nachdrücklich hervorgehoben. Aber noch dreiviertel Jahrhundert mußten vergehen, bis Küchenmeister durch seine schlagenden Versuche die Zusammengehörigkeit dieser verschiedenen Formen unzweifelhaft nachwies, sowie zugleich, daß dieser Wechsel der Form, des Wohnortes und der Lebensweise nicht eine Ausnahme, sondern der notwendige regelmäßige Gang der Entwicklung sei. Diese Art der Entwicklung bezeichnet man als „Generationswechsel"; sie ist unter den niederen Tieren weit verbreitet. Die ganze Lebensgeschichte, welche sonst an ein und demselben Tiere von der Geburt bis zum Tode abläuft, verteilt sich hier auf drei verschiedene Individuen. Die Amme (der

Kopf, erzeugt auf ungeschlechtlichem Wege die Glieder; diese auf geschlechtlichem Wege die Embryonen der Eier; der Embryo zur Finnenblase ausgewachsen in sich ungeschlechtlich wieder die Amme.

Es bedürfen die Bandwürmer zwei Wirte; der eine beherbergt den zur Finne sich entwickelnden Embryo, der zweite die Amme mit der von ihr entspringenden Kette der Glieder. Der Wechsel des Wirtes erfolgt ohne selbständige Thätigkeit des Schmarotzers. Es besteht deshalb die ganz bestimmte Beziehung zwischen Wirt des entwickelten Bandwurms und Wirt der Jugendform; letzterer wird immer von ersterem verzehrt und mit ihm der Schmarotzer in den Magen des neuen Wirtes gebracht. Eine kleine Liste solcher Beziehung zwischen den verschiedenen Wirten der Schmarotzer möge dies zeigen:

Erbsenförmige Finne des Kaninchens: gesägter Bandwurm des Hundes.

Bandförmige Finne der Maus: dickhalsiger Bandwurm der Katze.

Dünnhalsige Finne des Schafes: geränderter Bandwurm des Hundes.

Blasenschwanz des Schweines: bewaffneter Bandwurm des Menschen.

Finne des Rindes: feister Bandwurm des Menschen.

Hülsenwurm des Rindes: dreigliedriger Bandwurm des Hundes.

Quese des Schafes: Quesenbandwurm des Hundes.

Finne des Mehlkäfers: Bandwurm der Maus.

Noch weitere solche Beziehungen werden wir später kennen lernen.

Die Eier, welche mit den Darmentleerungen nach außen abgehen, werden längere oder kürzere Zeit in der freien Natur liegen bleiben. Es hängt vom Zufalle ab, ob sie in den Magen eines geeigneten Tieres eingeführt werden oder nicht. Sie sind ihrer Bestimmung zufolge, den Embryo längere Zeit unversehrt vor den Einflüssen der freien Natur aufzubewahren, mit einer sehr widerstandsfähigen festen Schale versehen. Bis zu sechs Wochen blieben nach meinen Versuchen in faulenden Substanzen liegende Bandwurm-Embryonen lebend und fähig, sich in passende Tiere eingeführt zu entwickeln.

Von der gewaltigen Zahl von Eiern, welche die Bandwürmer im Laufe eines Jahres erzeugen, erreicht nur ein unendlich kleiner Bruchteil seine Bestimmung.

Ein Glied der menschlichen Bandwürmer enthält etwa 50000 Eier: wenn täglich nur fünf Glieder reifen, so bringt ein Bandwurm jährlich 90 Millionen Eier hervor; es gibt aber gut beobachtete Fälle, in welchen täglich 15 Glieder entleert, somit etwa 270 Millionen Eier im Jahre ausgestreut wurden. Ob einer dieser unzähligen Keime gerade von dem für seine Entwicklung geeigneten Tiere aufgenommen wird, ist von so vielen Zufälligkeiten abhängig, daß nur diese unendliche Zahl von Keimen die Erhaltung der Art zu sichern vermag; bei vielen niederen Tieren, deren Keime ungünstige Entwicklungsbedingungen haben, finden wir eine so hohe Keimfruchtbarkeit bei ungemein geringer Reifefruchtbarkeit: so hat Professor Möbius in seinem Buche über die Auster gezeigt, daß die Keimfruchtbarkeit der Auster zu der des Menschen sich verhält wie 7000000:1, dagegen die Reifefruchtbarkeit der Auster zu der des Menschen wie 1:579000. Er kommt zu dem Satze, daß die Opferung einer großen Menge junger Keime das Mittel der Natur ist, wenigen Keimen die Reife zu sichern.

Es läßt sich bei den Bandwürmern die Reifefruchtbarkeit nicht bestimmen; es dürfte aber zu hoch gegriffen sein, wenn wir annehmen, daß von einer Million Eier ein einziges in einem neuen Wirte zur Entwicklung gelangt.

Der Besitz eines Bandwurmes ist an und für sich nicht unbedingt von krankhaften Störungen gefolgt; zahlreiche Personen beherbergen Jahre lang solche, ohne je die geringste Beschwerde zu empfinden; sogar bei Kindern, welche auf das Beste gediehen, wurde man bisweilen nur zufällig durch den Abgang von Gliedern auf die Anwesenheit eines Bandwurmes aufmerksam.

Trotzdem aber läßt sich nicht leugnen, daß bei zahlreichen Menschen, die mit einem Bandwurme behaftet sind, ein unbestimmtes Übelbefinden sich einstellt, mehr oder weniger ausgesprochene Störungen der Ernährung und der Verdauung, ja auch abnorme Erscheinungen von Seite des Nervensystems auftreten, ohne daß sie sich über den Sitz derselben Rechenschaft zu geben wissen, bis endlich Abgang von Bandwurmstücken die vermutliche Ursache erkennen läßt und die Patienten durch die Abtreibung des Schmarotzers geheilt werden.

Allerdings sind solche Fälle verhältnismäßig selten; Leiden irgend welchen Ursprungs werden auf den Bandwurm geschoben, wenn ein solcher erkannt ist.

Bei Tieren sehen wir unzählige Male oft den ganzen Darmkanal mit großen Mengen von Bandwürmern erfüllt, ohne daß sie je irgend welche Krankheitserscheinungen erkennen ließen, ja sie sind meist in voller Lebenskraft und vortrefflichem Gesundheitszustande.

Es ist aus solchen Beobachtungen der Zweifel mehr als begründet, der oben an der wirklichen Abhängigkeit krankhafter Erscheinungen von einem Bandwurme ausgesprochen wurde.

Die Säfteverluste, welche durch einen Bandwurm dem Wirte zugefügt werden, sind ungemein gering anzuschlagen. Zahlreiche Wägungen von menschlichen Bandwürmern haben mir als größtes Gewicht eines solchen 64 g ergeben, als Durchschnittsgewicht 42 g. Ein solcher Bandwurm bedarf mindestens acht Wochen, um völlig heranzuwachsen; es würde also der Verlust für den Tag höchstens 1 g betragen, ein Verlust, welcher von einem gesunden Menschen nicht empfunden wird. Denn die Menge Stoffes, welche durch den Lebensprozeß selbst verbraucht wird, dürfte sicher noch weit geringer anzuschlagen sein; sie entzieht sich allerdings jeder Berechnung. In den seltenen Fällen, in welchen die Anwesenheit des Bandwurmes wirklich Störungen hervorruft, dürften es Folgen der rein mechanischen Reizungen der Darmschleimhaut sein.

Wenn somit der Anwesenheit des Bandwurmes selbst keine so hohe Bedeutung für die Gesundheit des Wirtes zuerkannt werden kann, so kommen doch bei einer der menschlichen Bandwurmarten Folgen in Betracht, welche die schwersten Störungen für die Gesundheit bedingen, ja nicht selten das Leben selbst bedrohen.

Die Jugendzustände der Bandwürmer nämlich, die Finnen, sind für ihre Wirte höchst gefährliche Gäste. Durch ihr Eindringen in den Organismus, ihre Entwicklung in den Organen und Geweben des Wirtes bedingen sie nicht selten die schwersten, ja tödlichen Krankheiten. Später wird darauf zurückzukommen sein.

Die Finnen verschiedener Bandwürmer haben eine Vorliebe für verschiedene Teile; so finden wir die Finnen des Schäferhund-Bandwurmes als Drehwurm im Gehirne der Schafe, die Finne des Jagdhund-Bandwurmes als erbsenförmigen Blasenwurm im Gekröse der Hasen, die Finne des Katzen-Bandwurmes als bandförmigen Blasenwurm in der Leber der Mäuse.

Manchen Finnen aber werden in vielen Organen die Bedingungen für ihre Entwicklung geboten; es sind dies vor allem die Finne des bewaffneten Menschenbandwurmes und die Finne des kleinsten der Hundebandwürmer, der Taenia Echinococcus.

Die Finnen der meisten Bandwürmer sind auf eine Tierart als Wirt angewiesen, welche dem Wirte des Bandwurmes als Nahrung dient; es besteht somit die ganz bestimmte Beziehung zwischen Fleischfresser und seinem Opfer, daß ersterer in seinem Darme den Bandwurm beherbergt, letzteres die zugehörige Finne. Nehmen wir als Beispiel den Bandwurm der Katze; die reifen, nach außen entleerten Eier kleben auf den Getreideböden am Getreide, sie werden von den Mäusen verzehrt, in deren Leber dann von den Verdauungswegen aus die in den Eiern enthaltenen Embryonen einwandern und daselbst zu den bandförmigen Finnen heranwachsen; wird die Maus dann von einer Katze gefressen, so entwickelt sich diese Leberfinne der Maus im Darme der Katze zum Bandwurme.

Gerät eine Finne in den Magen eines Tieres, welches ihr nicht die zur Entwicklung nötigen Bedingungen bietet, so entwickelt sie sich nicht zum Bandwurme, sondern stirbt ab und wird verdaut; eben so entwickeln sich die Bandwurmeier nur in den ihnen zukommenden Wirten zu Finnen, gehen in anderen zu Grunde.

Nie gelingt es, den Menschenbandwurm bei Tieren zu erziehen durch Verfütterung seiner Finnen an solche. Nie wächst der Katzenbandwurm im Darme des Hundes, auch wenn er finnige Mäuse verzehrte.

Viele Finnen und Bandwürmer sind nur auf je eine einzige Tierart angewiesen; andere wiederum können sich in mehreren Tieren entwickeln; so kann die Finne des bewaffneten Menschenbandwurmes im Schweine nicht bloß, dem sie eigentlich zukommt, sondern auch im Hunde (wenn auch nur sehr selten), im Bären, ja im Menschen selbst zur vollen Finnenentwicklung kommen. Ein Bandwurm des Hundes findet sich auch in der Katze, selten im Menschen (Taenia cucumerina seu elliptica). Ein Menschenbandwurm, der

Grubenkopf, findet sich auch beim Hunde. Solche Anpassungsfähigkeit an verschiedene Wirte ist jedoch nur bei wenigen beobachtet.

Wir haben vorher gesehen, wie Fleischfresser ihre Tänien mit dem Fleische ihrer Jagdtiere erwerben; etwas anderes gilt für die Bandwürmer der Pflanzenfresser; diese nehmen die Wirte, welche den Jugendzustand ihrer Bandwürmer beherbergen, nur zufällig als Verunreinigung ihres Futters auf; meist sind solche Wirte wahrscheinlich niedere Tiere: Schnecken, Würmer oder Insekten.

Unter den beim Menschen gefundenen Bandwürmern sind nur drei häufiger und deshalb einer Besprechung wert: der bewaffnete Bandwurm (Taenia solium), der unbewaffnete oder feiste Bandwurm (Taenia saginata) und der Grubenkopf (Bothriocephalus latus). Weitaus am wichtigsten ist der

Bewaffnete Bandwurm (Taenia solium).

Im völlig ausgebildeten Zustande ist er meist 2—3 m lang, selten darüber, wiegt etwa 20 g, und ist von gelblich weißer Farbe. Der Kopf hat etwa die Größe eines kleinen Stecknadelkopfes und ist durch vier vorspringende Saugnäpfe von etwas quadratischer Form; auf dem Scheitel findet sich ein kegelförmiger Zapfen, welcher einen Hakenkranz von 26—30 Häkchen trägt (Fig. 4). Die Häkchen sind in zwei Reihen geordnet, eine äußere aus kleineren, eine innere aus größeren gebildet; die Spitzen sämtlicher Häkchen liegen in einer Kreislinie; regelmäßig ragt die Spitze eines größeren Häkchens zwischen zwei kleinere hinein. Die hebelartigen Fortsätze sind gegen das Zentrum des Kreises gerichtet, sie sind in Taschen eingesetzt, welche

Fig. 4. Kopf des bewaffneten Bandwurms (vergrößert).

bisweilen stark schwarz gefärbt sind. Die Saugnäpfe sind sehr beweglich, sie werden für das bloße Auge sichtbar bisweilen weit vorgestoßen, so daß sie nur durch einen dünnen Stiel mit dem Kopfe zusammenzuhängen scheinen.

Der auf den Kopf folgende Teil, der Hals, ist etwa 3 cm lang, fadendünn und zeigt keine Gliederung; die daran sich anschließende Strecke zeigt zunehmend deutliche Gliederung, doch sind die Glieder noch sehr klein und zart; mit der Entfernung vom Kopfe nehmen sie fortschreitend an Größe zu; jedes Glied ist mit seinem vorderen etwas schmäleren Rande in den hinteren etwas breiteren des nach dem Kopfe zu gelegenen Gliedes eingefügt.

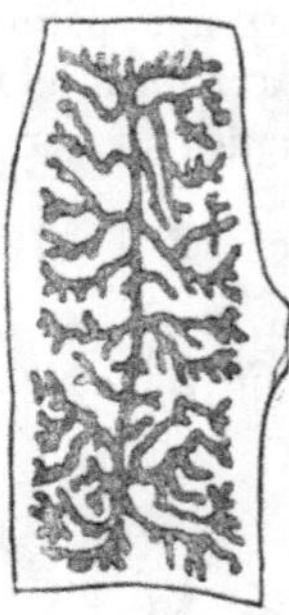

a

Fig. 5. Reifes Glied des bewaffneten Bandwurms (6 mal vergr.).

Die reifen Glieder messen im erschlafften Zustande 9—10 mm in der Länge, 4—6 mm in der Breite. Frisch und lebend sind sie meist mehr oder weniger stark zusammengezogen und dadurch gekräuselt.

An der Kante etwas hinter der Mitte finden sich bald rechts bald links ohne regelmäßigen Wechsel leicht hügelartige Vorsprünge, in welchen die Geschlechtsöffnung als Grübchen kenntlich ist (Fig. 5).

Die reifen Glieder lassen im erschlafften Zustande eine eigentümliche Zeichnung erkennen; an eine gelbliche in der Mitte laufende Längslinie schließen sich beiderseits baumförmig verzweigte gelbliche Linien an; diese Zeichnung ist der Fruchthalter nebst Seitenzweigen, der durch seine Ausfüllung mit reifen Eiern diese gelbe Farbe annimmt (Fig. 5).

Fig. 6. Ei des bewaffneten Bandwurms. Embryo im Innern mit drei Paar Häkchen.

Die Eier sind rundlich 0,032 mm messend; sie besitzen eine sehr dicke, mosaikartig aus kleinen kantigen Stäbchen zusammengesetzte Schale (Fig. 6.); in den reifen Eiern findet sich ein weiches Klümpchen, der Embryo, mit drei Paar zarten Häkchen bewaffnet (Fig. 7).

Nicht selten finden sich Mißbildungen am Bandwurme. Am häufigsten ist Verkümmerung einzelner Glieder, dann teilweise oder völlige Verschmelzung zweier oder mehrerer auf einander folgender Glieder, so daß Glieder mit mehreren Geschlechtsöffnungen entstehen. Spaltbildungen und Durchlöcherungen sind häufig, meist entstehen sie wohl durch Aufbrechen des stark eierhaltigen Fruchthalters.

Fig. 7. Ei des bewaffneten Bandwurms zerbrochen. Embryo rechts unten freiliegend (stark vergrößert).

Am interessantesten sind die selten vorkommenden Doppelmißbildungen, auf der Fläche der ganzen Bandwurmkette entlang findet sich eine zweite meist verkümmerte Kette mit der Kante aufgesetzt oder es ist der Bandwurm statt eines flachen Bandes ein dreikantiger Körper. Ein solches sehr schönes Exemplar wurde von Hrn. Professor Zenker neben 13 anderen Bandwürmern in der Leiche eines Schwindsüchtigen gefunden. Der Kopf der Doppelmißbildung zeigte sechs Saugnäpfe (Fig. 8), der Querschnitt des Bandwurms hatte die beistehende Form eines römischen **Y**, alle Geschlechtsöffnungen lagen an der unteren Kante.

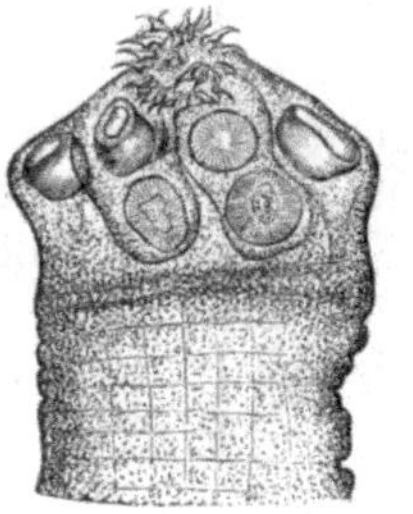

Fig. 8. Bandwurmkopf mit sechs Saugnäpfen (nach Prof. Zenkers Präparat) (vergrößert).

Der bewaffnete Bandwurm ist dem Menschen eigentümlich, kein anderes Tier beherbergt ihn; er lebt in dem Dünndarme seines Wirtes. Alle Versuche, ihn bei anderen Tieren zu erziehen, sind erfolglos gewesen; eben so wie andere Forscher habe auch ich völlig vergeblich die Finnen dieses Bandwurms an Hunde, Kaninchen, Meerschweinchen und an einen Affen verfüttert, während sie bei Menschen zu Bandwürmern sich entwickelten.

Der bewaffnete Bandwurm findet sich im Menschen auf der ganzen Erde allenthalben da, wo der Wirt des Jugendzustandes, das Schwein, zur Nahrung des Menschen verwendet wird; doch ist die Häufigkeit des Vorkommens von der Lebensweise abhängig; nur wo Schweinefleisch in solcher Form genossen wird, daß die etwa darin enthaltenen Finnen am Leben bleiben, werden diese im Menschen nach dem Verbrauche zu Bandwürmern entwickelt.

Im Schweine also findet sich die Finne des bewaffneten Menschenbandwurms (der sog. Blasenschwanz, Cysticercus cellulosae); während jedoch der Bandwurm allein im Menschen die Bedingungen seiner vollen Entwicklung findet, vermag seine Finne in verschiedenen anderen Tieren — bei Reh, Hund, Eisbär, Ratte — ja auch im Menschen zu wohnen. Die Finne findet sich im Bindegewebe des Fleisches, aber auch in den meisten übrigen Organen; über das Vorkommen beim Menschen werde ich später das wichtigste bringen.

Die Finne ist im ausgebildeten Zustande eine erbsen- bis bohnengroße, selten größere, zartwandige, lebhafter Zusammenziehung fähige Blase (Fig. 9) mit wasserhellem Inhalte;

Fig. 9. Lebende Finne ihre Form ändernd.

sie ist meist von einer bindegewebigen Hülle umgeben. An einer Stelle (Fig. 3 S. 32) der Blase bemerkt man eine mehr

a

b

Fig. 10. Finnen aus einem menschlichen Gehirne. a) Natürliche Größe. b) Mit einer Lupe besehen.

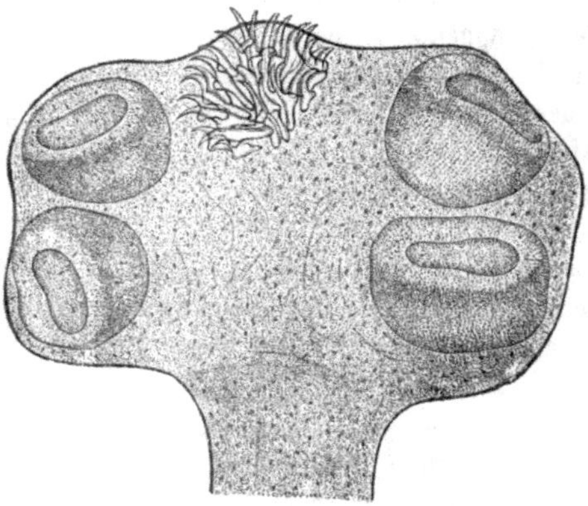

Fig. 11. Kopf einer Finne aus dem Gehirne mit dem Hakenkranze (stark vergrößert).

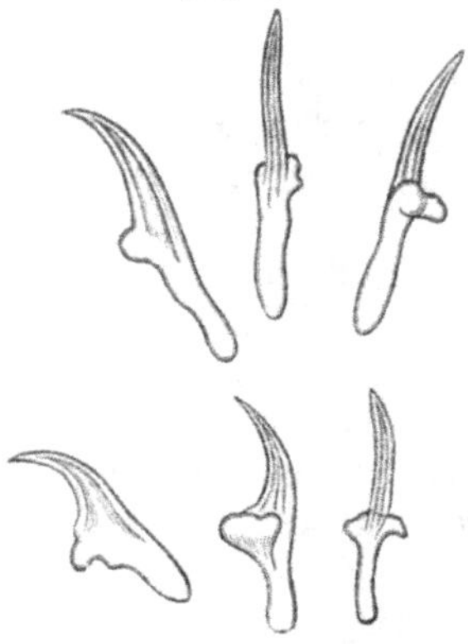

Fig. 12. Kleine und große Häkchen (sehr stark vergr.) in verschiedenen Stellungen.

oder weniger deutliche Einziehung; mit ihr im Zusammenhange stehend scheint ein derber, weißlicher, rundlicher Körper durch (Fig. 10); beim Anschneiden der Blase tritt dieser Körper als ein birnförmiger Sack heraus, von welchem der handschuhfingerartig nach innen umgestülpte Kopf umhüllt ist. Der Kopf (Fig. 11) gleicht vollkommen dem Kopfe des bewaffneten Bandwurmes, die Haken sind genau dieselben, wie bei diesem (Fig. 12).

Der Beweis, daß diese Schweinefinne wirklich der Jugendzustand des bewaffneten Bandwurms ist, ist abgesehen von der völligen Gleichheit ihrer Köpfe, von den verschiedensten Forschern schlagend geführt. Auf doppelte Weise läßt sich dies thun; entweder indem man im Schweine dadurch die Finne züchtet, daß man reife Eier enthaltende Glieder des bewaffneten Bandwurms dem Schweine zu fressen gibt, oder indem man im Menschen den bewaffneten Bandwurm dadurch erzieht, daß man ihm Finnen enthaltendes Schweinefleisch zu verzehren gibt. Beide Wege der Beweisführung sind mehrfach mit vollem Erfolge betreten, wenn auch natürlich der erstere häufiger als der letztere. Es steht also unzweifelhaft fest, daß Schweine finnig werden, wenn sie Zugang zu menschlichen Auswurfsstoffen haben und daselbst abgegangene Bandwurmstücke finden und verzehren; die reifen Eier gelangen in den Magen, ihre Schale wird durch den Magensaft gelockert, der darin enthaltene Embryo wird dadurch frei; er bahnt sich mit Hilfe seiner drei Häkchenpaare einen Weg aus dem Verdauungskanale des Tieres in dessen Gewebe und Säfte, und wandert, bis er einen für seine Entwicklung günstigen Platz findet. Dort bleibt er liegen, verliert die Häkchen, welche ihren Dienst gethan haben und wächst zur Finne aus, wie wir es früher beschrieben haben (S. 32).

Eben so steht unzweifelhaft fest, daß Menschen, welche finniges Schweinefleisch verzehren, dadurch den bewaffneten Bandwurm erwerben.

Den bewaffneten Bandwurm zu beherbergen, wäre an und für sich kein allzugroßes Übel, wenn auch der Gedanke, einem solchen Wurme zur Herberge zu dienen, widerwärtig ist; es ist jedoch mit dem Besitze gerade dieses Bandwurms eine ungemein hohe Gefahr verbunden. Wir haben vorher gesehen, daß die Finne des bewaffneten Bandwurms zwar ihren naturgemäßen Wirt im Schweine besitzt, daß aber neben anderen Tieren, auch der Mensch für sie ein geeignetes Wohntier ist. Im Menschen findet sie sich in allen Teilen des Körpers, besonders gerne aber entwickelt sie sich im Gehirne (Fig. 13) und im Auge; falls sie in letzterem zur

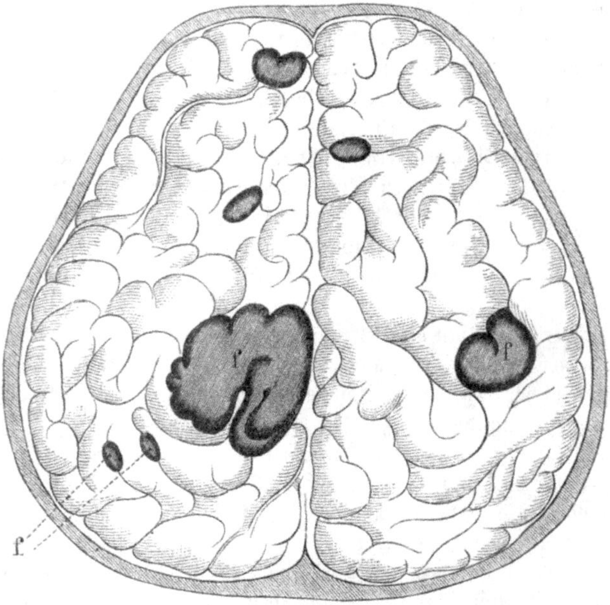

Fig. 13. Finnen in einem Menschengehirne. f Finnen. (1/4 der natürlichen Größe.) (Nach Griesinger.)

Entwicklung kommt, geht meist das Sehvermögen verloren; ihre Anwesenheit im Gehirne aber gibt für schwere Störungen wie Krämpfe, Epilepsie, Geisteskrankheiten Veranlassung, ja führt nicht selten frühzeitig den Tod herbei.

Der Besitz eines bewaffneten Bandwurmes ist also eine stete Bedrohung der Gesundheit des Wirtes selbst nicht nur, sondern auch seiner Hausgenossen und Umgebung überhaupt; wie wir früher hörten, streut er täglich einige Hunderttausende von Eiern aus; jedes dieser Eier kann zur Ursache schwerer Erkrankung des Wurmbesitzers selbst oder eines andern werden, wenn es auf irgend eine Weise in den Verdauungskanal gerät; die Eier aber sind gegen äußere Einflüsse ziemlich widerstandsfähig, vertragen es z. B. einzutrocknen und können so dem Staube beigemischt durch den Wind weitere Verbreitung finden. Weit häufiger allerdings wird solche Übertragung durch mit Eiern verunreinigte Hände stattfinden. Die orientalischen Reinlichkeitsgesetze sind leider nicht in die Gebote der christlichen Kirche aufgenommen; unglaublich ist es, wie wenig auch die geringsten Regeln der Reinlichkeit sogar bei Gebildeten Anwendung finden. Erste Regel sollte sein, nie zu essen, ohne die Hände frisch gewaschen zu haben.

Ein Mensch, der einen bewaffneten Bandwurm beherbergt, ist mehr zu scheuen, als ein Pestkranker; möglichst rasch ist ein solcher Gast in geeigneter Weise abzutreiben, der abgetriebene Bandwurm zu vernichten.

Aus dem Gesagten ergeben sich die Maßregeln gegen Bandwurm und Finnen; vor allem ist der Mensch selbst davor zu bewahren, und zweitens sind die Schweine vor dem Finnigwerden zu schützen.

Die erste Aufgabe fällt zum Teil der Gesundheitspolizei anheim, zum Teil ist sie von den einzelnen selbst zu lösen.

Durch strenge obligatorische Fleischschau, die jedoch nur

in allgemeinen Schlachthäusern wirksam durchgeführt werden kann, ist zu verhüten, daß finniges Fleisch zum Verkaufe kommt. Allerdings wird auch durch die sorgfältigste Fleischschau nicht verhütet werden können, daß nicht einzelne Finnen entgehen und mit dem Fleische verkauft und genossen werden; die Finnen sind nämlich nicht gleichmäßig durch den Körper der Schlachttiere verteilt.

Es muß deshalb der einzelne sich gegen die Erwerbung eines Bandwurmes schützen, indem er die Einfuhr lebender Finnen meidet; die Kenntnis vom Aussehen finnigen Fleisches, wie Kenntnisse einer vernünftigen Lebensweise im allgemeinen müssen eine allgemeinere Verbreitung finden, so daß auch in der Küche private Fleischschau geübt wird; vor allem aber darf kein ungenügend der Hitze ausgesetztes Fleisch genossen werden; größere Fleischstücke erreichen erst bei längerem Kochen und Braten im Innern einen Wärmegrad, welcher geeignet ist, das tierische Leben zu töten. Als allgemeine Regel gilt, daß das Fleisch nicht mehr rötlich sein darf, noch viel weniger blutig; aus den größeren Gefäßen darf beim Schneiden keine rötliche oder gar rote Flüssigkeit ablaufen. Der Genuß rohen Schweinefleisches ist durchaus zu verwerfen.

Durch zahlreiche sorgfältige Versuche ist festgestellt, daß die Finnen gewöhnlich bei einer Wärme von 47—48°, spätestens 50° C absterben; diese Temperatur ist aber nur erreicht, wenn das Fleisch nicht mehr rötlich ist.

Dasselbe gilt natürlich im allgemeinen für ungenügend gesalzenes oder geräuchertes Fleisch.

In Küche und Vorratskammern herrsche die größte Sorgfalt und Reinlichkeit; nie soll Fleisch mit anderen Nahrungsmitteln, welche der Hitze nicht ausgesetzt werden, zusammenliegen oder in demselben Geräte oder Korbe geholt werden. Womöglich sollen alle Nahrungsmittel vor dem Genusse abgewaschen werden.

Die zweite Aufgabe ist, die Schweine vor der Finnen-Invasion zu bewahren. Es liegt völlig in der Hand der Schweine züchtenden Landwirte die Finnen und damit auch den bewaffneten Bandwurm auszurotten.

Vor allem muß es als ein längst überwundenes Vorurteil bezeichnet werden, daß die Schweine im Schmutze besser gedeihen; Zustände vollends, wie man sie noch auf sehr vielen Höfen sieht, daß den Schweinen absichtlich Zutritt zu den menschlichen Auswurfstoffen gestattet wird, sind als durchaus verwerflich zu bezeichnen; im Gegenteil muß das Gehege der Schweine derart sein, daß ihnen das Herumstöbern in Düngerhaufen und Kot abgeschnitten ist.

Außerdem sind Dienstboten, besonders aber das Stallgesinde anzuhalten, falls sie einen Bandwurm besitzen, ihn möglichst rasch abtreiben zu lassen.

Harmloser als der bewaffnete ist der

Unbewaffnete oder feiste Bandwurm (Taenia saginata*)

Fig. 14. Kopf des feisten Bandwurms, natürliche Größe.

Der feiste Bandwurm ist ebenfalls dem Menschen eigentümlich; er ist von milchweißer Farbe, weit größer und fetter als der bewaffnete, bis 6 m wird er lang; der Kopf ist ebenfalls viel größer (Fig. 14) als beim bewaffneten, bis $2^1/_2$ mm im Durchmesser; er hat keine Häkchen, dafür aber sind seine 4 Saugnäpfe weit mächtiger entwickelt; der Kopf ist bald ganz blaß (Fig. 15), bald mehr oder weniger stark schiefrig gefärbt (Fig. 16); zwischen den Saugnäpfen findet sich auf dem Scheitel ein kleiner Stirnsaugnapf.

*) Früher auch T. mediocanellata genannt, ein Name, der durch den sehr bezeichnenden, vom berühmten Helminthologen Pastor Göze in Quedlinburg bereits treffend gewählten, zu ersetzen ist.

Der Hals ist sehr kurz und breit, die Gliederung beginnt sehr früh.

Die reifen Glieder messen 16 mm in der Länge bei 7 mm Breite bis 20 mm Länge bei 5 mm Breite (Fig. 17).

Alles übrige verhält sich ähnlich wie beim bewaffneten Bandwurm, nur ein wesentlicher Unterschied verdient noch hervorgehoben zu werden; die Seitenzweige des Fruchthalters sind weit zahlreicher beim unbewaffneten (15—20) als beim bewaffneten Bandwurme (7—12).

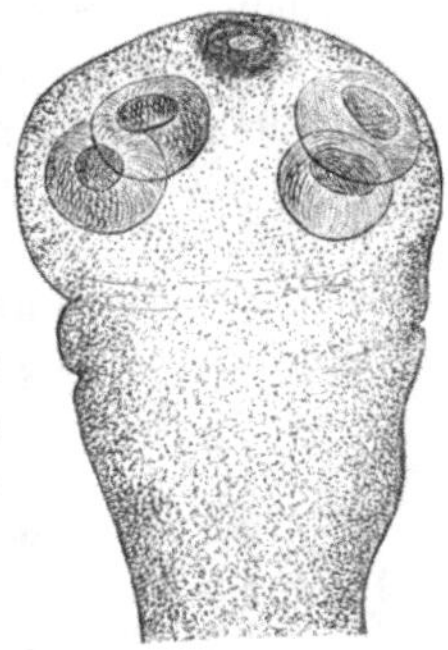

Fig. 15. Kopf des feisten Bandwurms, farblos (vergrößert).

Als Wirte für den Jugendzustand des feisten Bandwurms haben wir die Wiederkäuer zu betrachten, in deren Muskelfleisch, im Herz und Gehirn die Finne sich findet. Bis jetzt ist sie im Rinde und in der Giraffe gefunden; durch Verfüttern von reifen Gliedern des Bandwurms ist es gelungen, sie auch im Kalbe, in der Ziege und im Schafe zu erziehen; wahrscheinlich ist es deshalb, daß die Wiederkäuer überhaupt die günstigen Bedingungen für die Entwicklung dieser Finnen darbieten.

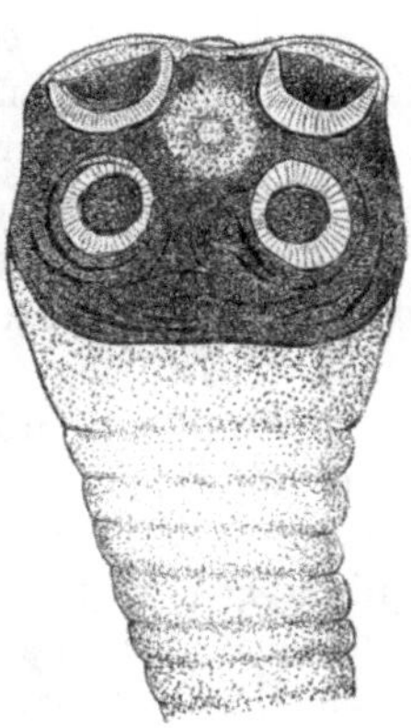

Fig. 16. Kopf des feisten Bandwurms, stark schwarzgefärbt (vergrößert).

Der Aufenthaltsort des feisten Bandwurms ist ebenfalls der Dünndarm des Menschen; er findet sich daselbst in ein oder mehreren Exemplaren, bisweilen sogar mit dem bewaffneten und mit dem gleich zu besprechenden Grubenkopfe zusammen. Er haftet weit fester und setzt Abtreibungsversuchen weit bedeutenderen Widerstand entgegen.

Für die Verbreitung des feisten Bandwurms gilt dasselbe, was wir beim bewaffneten sagten; doch scheint er weit häufiger zu sein als dieser; über die ganze bewohnte Erde ist er verbreitet und findet sich in manchen Gegenden in unglaublicher Häufigkeit. Asien und Afrika ist von ihm besonders bevorzugt; in Abessinien besitzt alt und jung, Mann und Weib ihn; auch Reisende, welche die abessinischen Gewohnheiten annehmen, sind sicher dort solche zu erwerben; unter diesen Gewohnheiten ist besonders die Sitte, rohes Rindfleisch zu essen in hohem Maße der Bandwurm-Erwerbung günstig; das abessinische Nationalgericht „Brandau“ ist eben rohes, noch zuckendes, lebenswarmes Ochsenfleisch.

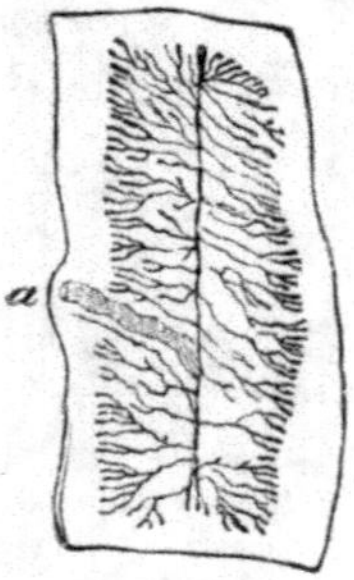

Fig. 17. Reifes Glied des feisten Bandwurms.

Sehr drastisch schildert H. Blanc, ein französischer Arzt, welcher in abessinischer Gefangenschaft war, ein Gastmahl bei seinem Obergefängniswärter Samuel. Eine Hauptrolle spielte dabei das abessinische Nationalgericht „Brindo“ (brandau). Ein großer Korb mit flachen Broten wurde vor uns hingestellt; daneben trat zu unserer Bedienung eine Dienerin, deren aufs notdürftigste beschränkte Kleidungsstücke schmutzig und zerrissen waren; mit der einen Hand zerbrach sie die Brote, mit der andern hielt sie einen Teller mit Sauce, einem Gemisch aus spanischem Pfeffer, frischer Butter, Salz und Galle. Nun kam ein ebenfalls halbnackter Diener gerannt und brachte auf seinen fettigen Schultern ein großes Viertel eines eben geschlachteten Ochsen. Zum guten Tone gehört es, daß der Hausherr selbst die besten Stücke abschneidet, in die Sauce taucht, in ein Stück Brot rollt und, indem er sich gegen den geehrten Gast verbeugt, ihm zu verstehen gibt, daß der Leckerbissen ihm zugedacht sei. Eine Zurückweisung wäre eine grobe Beleidigung; man unterdrückt mit gezwungenem Lächeln — besonders wenn man Gefangener und Gast seines Gefängniswärters ist — den Ekel, sperrt den Mund weit auf und nimmt mit Dank die Gunst an. . . . Eigentlich schneidet man sich einen langen Streifen Fleisch ab, führt ihn mit der rechten Hand nach dem Munde, faßt ihn mit den Zähnen und schneidet ihn mit scharfem Messer dicht vor den Lippen von unten nach oben ab. Um unserer Ungeschicklichkeit willen, war uns gestattet nach Barbarenart das Fleisch in Stücke zu schneiden, in die Sauce zu tauchen und zwischen Brotstücke zu rollen „Sandwichs à la viande crue". Nach den drei bis vier ersten Bissen fanden wir Geschmack daran. Frisches noch lebenswarmes Fleisch schmeckt angenehm, ähnlich wie gute Austern und ist jedenfalls eine sehr nahrhafte und leichtverdauliche Kost; man kann leicht ein Kilogramm essen und sich mit gutem Appetit vom Tisch erheben. Nach meiner persönlichen Erfahrung, sagt Blanc, ist das Fleisch um so leckerer, je frischer das Tier geschlachtet und je mehr noch Muskelzuckungen bemerklich sind. Samuel, der Austern in Ägypten gekostet hatte, stimmte meinem Vergleiche zu und fügte bei: „aber Brindo kalt ist eben so unangenehm als Austern, die nicht frisch."

Sind so die Einfuhrbedingungen äußerst günstig, so ist die Gelegenheit Finnen zu erwerben den Rindern in Abessinien besonders erleichtert durch die eigentümlichen Gewohnheiten der Abessinier; höchst anschaulich hat Schimper hierüber berichtet: „Die Abessinier verrichten ihre Notdurft im Freien, unfern ihrer Wohnungen und zwar regelmäßig bei Tagesanbruch, im ersten Morgengrauen. Um diese Zeit sieht man alltäglich ganze Gesellschaften im Gespräche auf der Erde hocken. Das Kleid, das die Form eines großen Betttuches hat, umhüllt von den Schultern an den ganzen Leib und bedeckt auch den Ort des Sitzes. Man gewahrt also nichts von dem, was da eigentlich geschieht, und sieht nur Leute, die in einiger Entfernung von einander sitzen und sich unterhalten. Der neuangekommene Fremde findet es höchst sonderbar, daß sich zu ungewöhnlicher Stunde alltäglich im Freien, in der Kühle und Feuchtigkeit, eine Gesellschaft zum Gespräche versammelt. Das Hauptgeschäft bleibt ihm verborgen — auch später begreift er nicht, daß die Abessinier es angenehm finden, Viertelstunden lang das in Gemeinschaft zu thun, was von andern sonst eilfertig und insgeheim vollzogen wird. Erst nachdem jenes Geschäft beendigt, wird das Rindvieh aus dem Gehöfte gelassen. Aber es verweilt in der Nähe desselben, bis für den Hirten das Brot gebacken und dieses verspeist ist, und erst dann wird dasselbe in größere Ferne auf die Weide getrieben. Es verbleibt also während geraumer Zeit an dem Orte, an welchem soeben erst Millionen von Bandwurm-Eiern deponiert worden, von denen natürlich gar manche an Gras, Kraut und umherliegendes Stroh übertragen sind. Indem das Rind nun von diesen Vegetabilien frißt, wandern mit den anhaftenden Eiern zugleich die Keime seiner Finnen in den Körper ein." So ist also der Kreislauf aufs schönste geschlossen, die Erhaltung des Bandwurms, wie seiner Finnen, in vorzüglicher Weise gesichert.

Wo in ähnlicher Weise günstige Bedingungen der Eiereinfuhr für die Rinder vorhanden sind, muß auch der Bandwurm beim Menschen häufig sein.

Die Schutzmaßregeln gegen denselben sind ähnliche, wie sie beim bewaffneten Bandwurm besprochen sind.

Weit seltener als die beiden seither besprochenen Bandwurmarten ist in Deutschland der

Grubenkopf (Bothriocephalus latus).

Er ist der größte der menschlichen Bandwürmer, 5—8 m kann er lang werden. Alle Angaben über längere Bandwürmer beruhen auf Irrtum. Wenn man allerdings die Stücke, welche einem Bandwurmträger im Laufe der Jahre abgehen, zusammenrechnet, können allmählich so bedeutende Längen herauskommen, wie wir sie bisweilen angegeben finden.

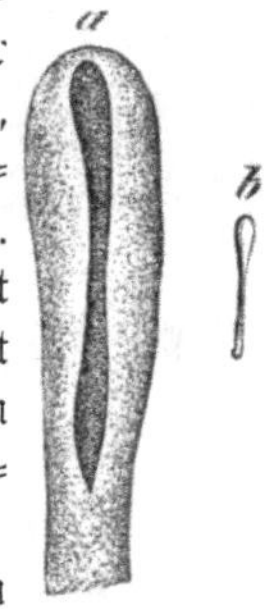

Fig. 18. Kopf des Grubenkopfes; a vergrößert, b nat. Größe.

Der Kopf (Fig. 18) dieses Bandwurms ist mandelförmig; am Seitenrande des Kopfes läuft jederseits eine tiefe spaltförmige Sauggrube. Im frischen Zustande ist der Wurm von matt bläulichgrauer Färbung.

Die Glieder (Fig. 19) sind im unreifen Zustande drei bis viermal so breit wie lang, im reifen fast quadratisch. Auf der Fläche in der Mitte der Glieder finden sich die Geschlechtsöffnungen, sämtlich auf einer Seite des Bandwurms; die der Reife sich nähernden Glieder zeigen in der Mitte eine rosettenförmige bräunliche Zeichnung; sie entsteht durch die starke Schlingenbildung des mit bräunlichen Eiern angefüllten Fruchthalters.

Fig. 19. Glied des Grubenkopfes mit Rosette.

Die Eier (Fig. 20) sind oval, dünnschalig, besitzen am einen Ende ein leicht erkennbares, durch eine scharfe Linie abgegrenztes Deckelchen. Ihr Inhalt ist eine grobkörnige Masse. Werden reife Eier in Wasser aufbewahrt, so entwickeln sich in ihnen im Laufe einiger Monate sechshakige Embryonen (Fig. 21), welche nach Absprengung des Deckels ausschlüpfen; sie schwimmen mit

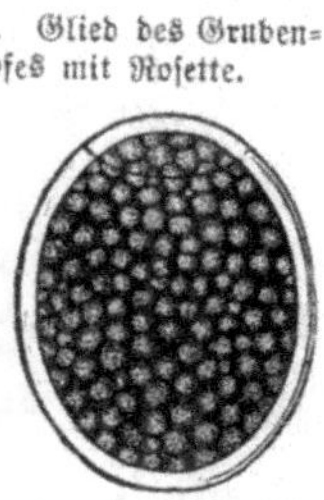

Fig. 20. Reifes Ei des Grubenkopfes mit Deckelchen (vergrößert).

Hilfe eines lebhaft flimmernden Wimperkleides im Wasser umher; nach etwa 4 — 6 Tagen streift der Embryo das Wimperkleid ab, doch bleibt er noch von einer hellen Eiweißmasse umhüllt, die er nach einiger Zeit verliert, ohne darum sofort abzusterben. Die weiteren Schicksale des jungen Wesens sind unbekannt; wahrscheinlich wird er von irgend einem im Wasser lebenden Tiere aufgenommen, in welchem er seine Jugend verlebt, zu einem eingekapselten Bandwurmkopfe sich entwickelt, der vom Menschen mit seinem Wirte verzehrt frei wird und zum Bandwurme auswächst.

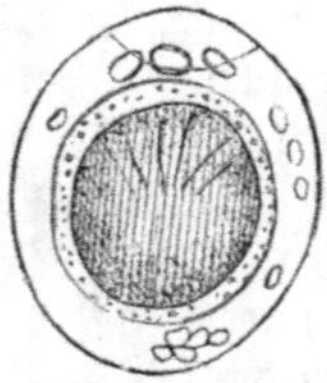

Fig. 21. Ei des Grubenkopfes mit sechshakigem Embryo. (Nach Leuckart.)

Auch der Grubenkopf lebt im Dünndarme des Menschen, allein oder in mehreren Exemplaren; bis zu 78 Stück habe

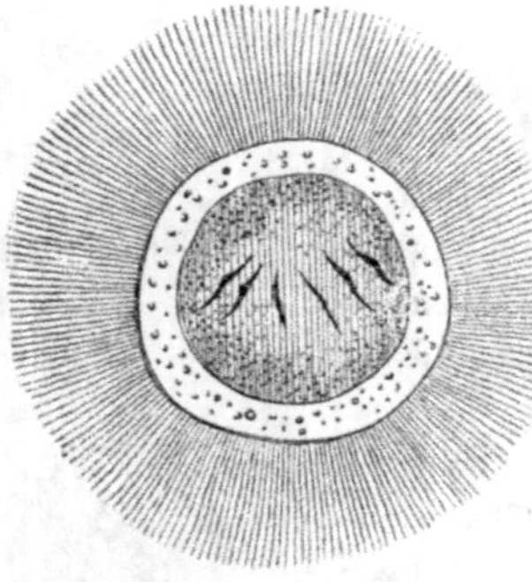

Fig. 22. Embryo des Grubenkopfes mit sechs Häkchen und Flimmerkleid. (Leuckart.)

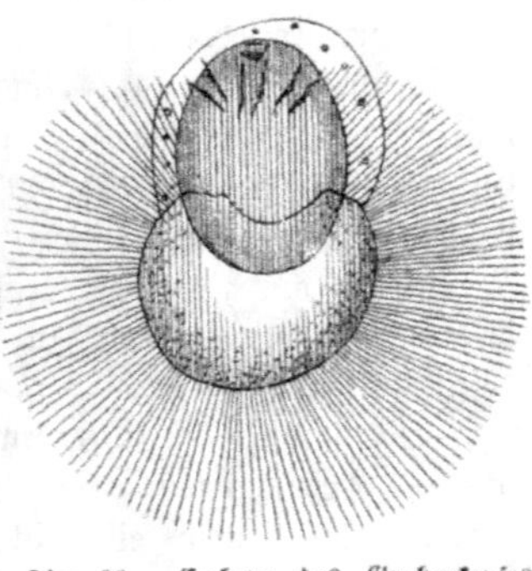

Fig. 23. Embryo des Grubenkopfes das Flimmerkleid abwerfend. (Leuckart.)

ich aus der Leiche eines Matrosen erhalten. Der Grubenkopf ist nicht auf den Menschen allein angewiesen, auch bei Hunden ist er mehrfach gefunden.

Sehr merkwürdig ist die geographische Verbreitung des Schmarotzers. Er kommt nur in Küstenländern, an Seen und großen Flüssen vor. Außerhalb Europas ist er noch nicht sicher nachgewiesen; in Europa selbst ist es das nordöstliche Schweden, Finnland, Petersburg, die Ostseeprovinzen, Polen, dann die westliche Schweiz mit den benachbarten französischen Gebieten, seltener ist er in Belgien, Holland, Ostpreußen, Pommern, Schleswig-Holstein und auf Seeland.

In Haparanda soll kein Haus sein, von dessen Bewohnern nicht einer oder mehrere den Grubenkopf beherbergen.

In Genf soll früher ein Viertel aller Einwohner an dem Schmarotzer gelitten haben.

In Petersburg sollen 15 % der Einwohner von ihm bewohnt sein.

Während wir bei den meisten Bandwürmern aus jedem Ei auf dem früher geschilderten Wege ein einziges Bandwurmköpfchen hervorgehen sahen, finden wir bei einzelnen eine ganz außerordentlich starke Vervielfältigung in der Weise, daß in jeder aus einem Embryo hervorgegangenen Finnenblase sehr zahlreiche Bandwurmköpfchen entstehen. Bei einem sprossen sie direkt aus der Wand der Finnenblase hervor, bei einem anderen nachdem vorher Generationen von Tochter- und Enkelblasen gebildet wurden. Auf solche Weise ist die Erhaltung der Art in noch viel höherem Maße gesichert als bei den übrigen Bandwürmern. Ersteres geschieht bei der Finne des Quesenbandwurmes, letzteres in der Entwicklung des dreigliedrigen Bandwurmes. Beide sind für die Landwirtschaft sehr wichtig, letzterer außerdem für die Gesundheit des Menschen ein nicht seltener gefährlicher Feind.

Der Drehwurm wird bei den Schmarotzern der Wiederkäuer seine Stelle finden, da die Angaben von seinem Vorkommen beim Menschen mehr als zweifelhaft sind; es handelt sich meist um Verwechslung mit dem Hülsenwurm, den wir nun zunächst besprechen wollen.

Der Hülsenwurm (Echinococcus)

ist einer der gefährlichsten Schmarotzer des Menschen. Er ist der Jugend- oder Finnenzustand eines kleinen nur bis 4 mm messenden Bandwurmes des Hundes. Während der Bandwurm selbst zu den kleinsten gehört, erreicht seine Finne eine fast alle andern weit übersteigende Größe. Bis über kopfgroße sind nicht allzuselten beobachtet.

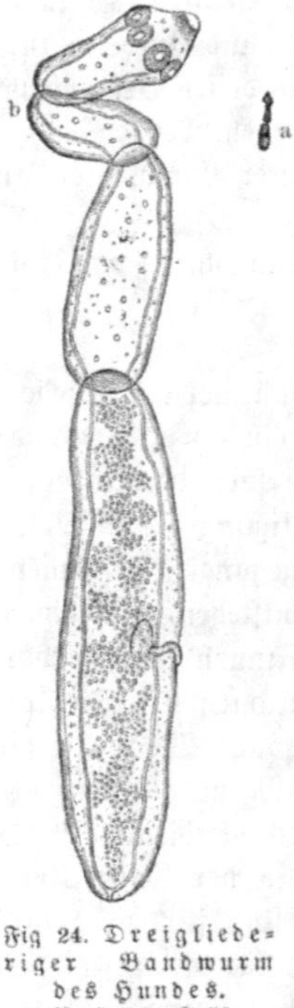

Fig 24. Dreigliederiger Bandwurm des Hundes.
a Natürliche Größe.
b Etwa 20mal vergr.

Es besteht die Finne meist aus einer rundlichen Blase von wechselnder Größe, welche in eine derbe, vom Bindegewebe des Wirtes gebildete Kapsel eingeschlossen ist. Die Blasenwand ist weißlich oder gelblich, bald dünner, bald dicker, von der Festigkeit etwa gekochten Hühner-Eiweißes; sie hat einen deutlich geschichteten Bau und läßt sich meist leicht in ihre einzelnen Schichten zerlegen. Schneidet man eine solche Blase an, so rollen sich vermöge ihrer großen Elastizität die Schnittränder sofort um.

Die Blase ist mit einer wasserklaren Flüssigkeit gefüllt, welche reich an Kochsalz ist, kein Eiweiß enthält, wohl aber einige andere Stoffe, wie Bernsteinsäure, Traubenzucker und andere in geringer und wechselnder Menge.

Die Innenfläche der Finnenblase ist mit einer körnigen Keimschichte ausgekleidet, welche mit kleinen, lebhaft schwingenden, höchst vergänglichen Wimpern besetzt ist. Stellenweise verdickt die Keimschichte sich zu kleinen Hügeln, welche im Innern hohl werden. Auf der Innenfläche dieser Hohlräume,

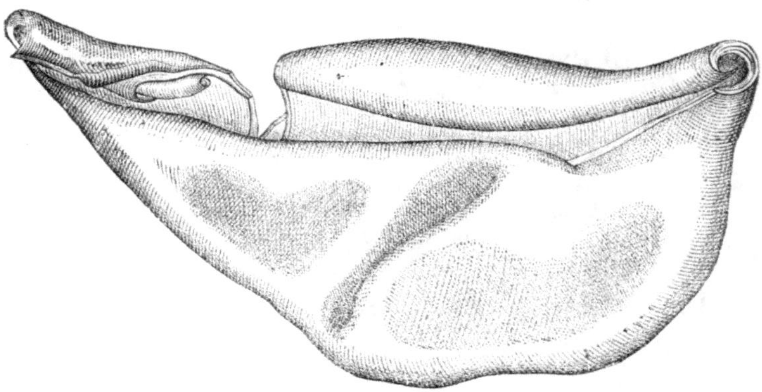

Fig. 25. Angeschnittene Blase eines Hülsenwurms (Echinococcus) aus der Niere eines Menschen (natürliche Größe).

der sogenannten Brutkapseln, entstehen kleine Zapfen, welche zu Bandwurmköpfchen werden. Diese Bandwurmköpfchen hängen eine Zeit lang durch einen Stiel mit der Wand der Brutkapseln zusammen; später löst sich der Stiel, und die Brut findet sich als kuglige oder kegelförmige, mit bloßem Auge gerade sichtbare Gebilde in der Flüssigkeit der Brutkapsel herumschwimmend. Sie zeichnen sich durch einen Kranz von etwas plumpen Häkchen aus.

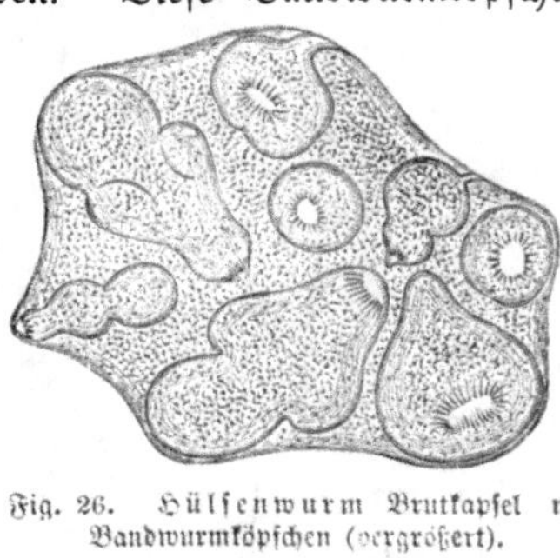

Fig. 26. Hülsenwurm Brutkapsel mit Bandwurmköpfchen (vergrößert).

Die Brutbildung tritt meist erst auf, nachdem die Finnenblase eine erheblichere Größe erreicht hat; in vielen Blasen kommt es überhaupt nicht zur Brutbildung, die Blasen bleiben unfruchtbar.

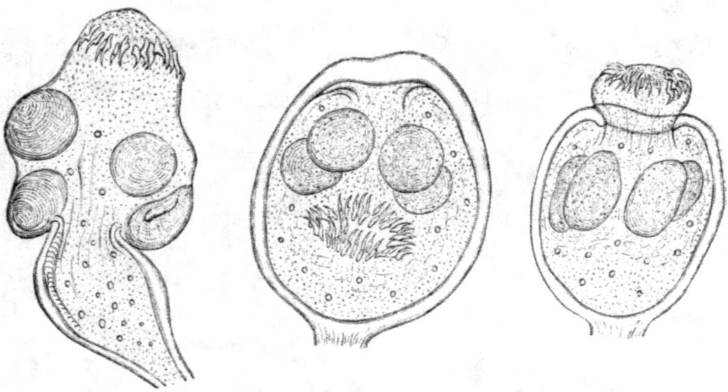

Fig. 27—29. Hülsenwurm. Bandwurmköpfchen in verschiedener Stellung, an der Brutkapsel hängend, ausgestülpt, eingezogen, halb ausgestülpt.

Beim Menschen findet die Entwicklung von Brutkapseln und Brut nicht von der zuerst gebildeten Finnenblase aus statt, in derselben kommt es zuerst zur Entwicklung von Tochterblasen, in welchen dann in der beschriebenen Weise Brutkapseln und Bandwurmköpfchen sich bilden; bisweilen aber kommen in den Tochterblasen erst noch Enkelblasen zur Ausbildung, die in sich dann Brutkapseln und Brut entstehen lassen. Die Tochter- und Enkelblasen sind der Mutterblase ähnlich gebaut.

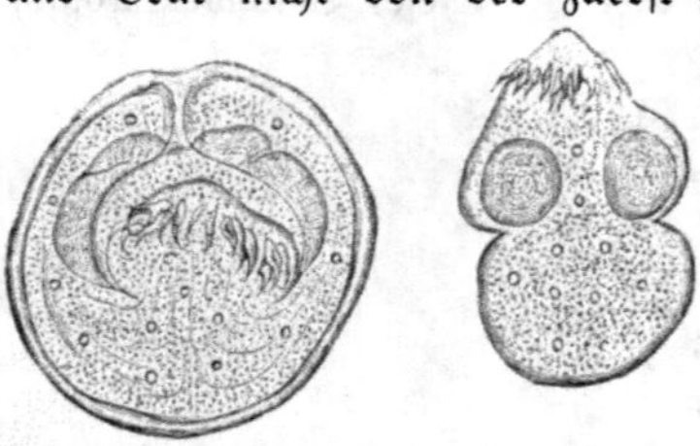

Fig. 30—31. Hülsenwurm. Freie Bandwurmköpfchen, eingezogen, ausgestülpt.

Die Zahl der Tochterblasen in einer Mutterblase kann von wenigen bis zu mehreren Tausenden betragen; ihre Größe ist wechselnd; neben kaum stecknadelkopfgroßen finden sich alle Übergänge bis zu hühnereigroßen.

Beim Menschen häufen sich also die Tochterblasen in der Mutterblase an, in den Tochterblasen die Enkelblasen, die Entwicklung derselben geht also nach innen von der Mutterblase vor sich, „endogen“; bei den Tieren entwickeln sich die Tochterblasen nach außen „exogen“; erstere Form nennt man auch „Echinococcus altriciapariens“, letztere „E. scoliciapariens“; es erschien nicht unwahrscheinlich, daß es sich um zwei verschiedene Arten handelte; jetzt ist man einig, daß es dieselbe nur nach dem Wirte sich etwas verschieden verhaltende Art ist.

Fig. 32. Häkchen aus der Hakenkrone von Bandwurmköpfchen des Hülsenwurms (sehr stark vergr.).

Der Hülsenwurm findet sich in allen Teilen des Menschen, am häufigsten aber in der Leber. Bisweilen macht sich seine Anwesenheit lange nicht bemerklich; gewöhnlich aber ruft er schwere Störungen hervor, die nach jahrelangem Leiden, falls ärztliche Hilfe nicht eintritt, zum Tode führen; in manchen Fällen tritt frühzeitiger Tod oft ziemlich rasch ein.

Der Mensch ist nicht der einzige Wirt des Hülsenwurmes, viele andere Tiere sind für seine Entwicklung geeignet. Man hat ihn bei folgenden Tieren gefunden: Rind, Schaf, Ziege, Gemse, Antilope, Hirsch, Giraffe, Kamel, Pferd, Esel, Zebra, Schwein, Eichhörnchen, Känguruh und mehrere katzenartige Tiere. Bei Vögeln ist sehr selten ein Hülsenwurm beobachtet, nur beim Truthahn, Pfauentruthahn, Riesenpfau und der Kronentaube ist er einmal gesehen.

Der erwachsene Bandwurm bewohnt den Dünndarm des

Hundes; er findet sich oft in unzähligen Exemplaren in demselben. Werden reife Eier dieses Echinococcus-Bandwurms nach außen entleert, so können sie auf irgend einem Wege in den Mund und Magen des Menschen gelangen; der im Ei eingeschlossene Embryo wird nach Lösung der Eischale durch den Magensaft frei und wandert mit Hilfe seiner sechs Häkchen in die Organe oder Gewebe des Körpers, wirft seine Häkchen ab und wächst zu einer Finne aus.

Bei der großen Rolle, welche der Hund als ständiger Begleiter des Menschen spielt und bei dem allzunahen Verkehr, in welchem in der Regel der Mensch und der Hund stehen, ist die große Verbreitung des Echinococcus nicht wunderbar; besonders Kinder sind der Gefahr weit mehr ausgesetzt, da bei jugendlichen Individuen, wie es scheint, die Entwicklung von Finnen weit leichter zu stande kommt, als bei Erwachsenen. Auch das feinste Schoßhündchen ist nicht geschützt davor, gelegentlich einen Echinococcus-Bandwurm zu beherbergen und Eier desselben mit einem Kusse nach dem Munde seiner Herrin zu übertragen; jeder, der Hunde besaß, kennt die Gewohnheit derselben, häufig mit der Nase in der Schwanzgegend zu verweilen, sei es aus kosmetischen Gründen, sei es um auf Flöhe Jagd zu machen; sehr leicht bleiben dabei an seiner Schnauze Bandwurm-Eier hängen, welche vermöge ihrer klebrigen Oberfläche an den Haaren beim Abgehen haften geblieben waren.

Der innige Verkehr mit Hunden wie mit Tieren überhaupt ist deshalb höchst verwerflich, ganz abgesehen davon, daß er auch vom ästhetischen Standpunkte aus widerwärtig und abstoßend erscheint. Die Gewohnheiten auch wohlerzogener Hunde sind derart, daß kein anständiger Mensch sich küssen oder belecken lassen dürfte, daß eine Gütergemeinschaft in Schüsseln und Tellern undenkbar erscheint, ohne Ekel zu erregen.

Streng sind die Hunde aus Küche und Speisekammer fern zu halten; durch Beschnuppern können sie Geräte und Speisen mit Bandwurm-Eiern versehen.

Am meisten tragen zur Verbreitung des Hülsenwurmes die Fleischer- und Schäferhunde bei. Das Halten von Hunden sollte Fleischern völlig untersagt sein; nötig für das Geschäft sind sie in keiner Weise mehr; indem sie beim Schlachten herumlungern, wird ihnen die Möglichkeit geboten, sich den Echinococcus-Bandwurm zu erwerben. Denn die sogenannten Wasserblasen, welche sich in den Schlachttieren finden, sind meist Hülsenwürmer; sie werden gewöhnlich ausgeschnitten und weggeworfen von den Hunden verschlungen. Solche „Wasserblasen" sollten immer verbrannt oder auf andere Weise vernichtet werden.

Eine hohe Hundesteuer ist eine noch immer an vielen Orten fehlende Maßregel zur Verminderung der unzähligen verwahrlosten Köter, welche auch in anderer Weise noch den Menschen lästig und gefährlich werden.

Da der Hund der Träger der Echinococken-Keime ist, findet sich der Hülsenwurm auch über die ganze Erde verbreitet; bei hochzivilisierten Völkern fehlt er eben so wenig, als bei den armseligsten auf niederster Stufe lebenden Wilden, sobald der treue Gefährte vorhanden ist. Natürlich wird die Gefahr der Ansteckung um so größer, je zahlreicher die Hunde, je enger das Zusammenhausen von Menschen und Hunden, je geringer die Reinlichkeit.

Von besonderer Häufigkeit ist Echinococcus in Island; im Durchschnitte soll jeder Bauer dort sechs Hunde besitzen, die mit ihm dieselbe Wohnung teilen. Mehr als ein Viertel der Hunde fand Krabbe dortselbst mit erwachsenem Echinococcus-Bandwurm behaftet; kein Wunder, daß die mit ihren Hunden in ziemlich engem Verkehre lebenden Einwohner in ungemein großer Zahl an dem Hülsenwurme leiden; die früheren Angaben, daß $^1/_7$ aller Einwohner davon befallen sei, wird als übertrieben bezeichnet.

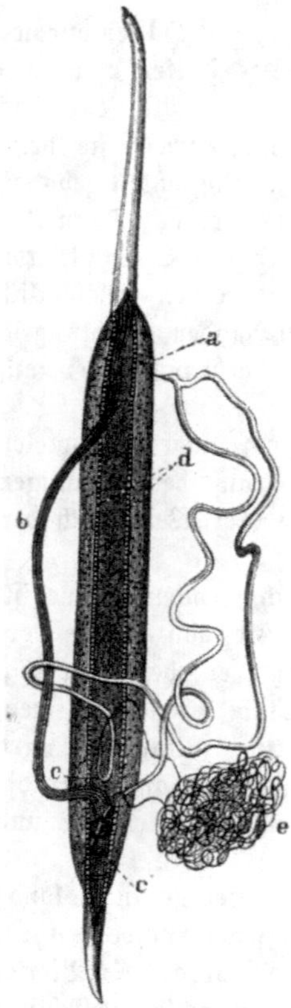

Fig. 34. Junger Spulwurm. 143 mm langes Weibchen; a Geschlechtsöffnung, b Darm, c Beginn der Eileiter, d Längsband, e Eierstöcke.

Fast eben so häufig wie in Island scheint Echinococcus jetzt in Australien zu sein.

Der Spulwurm (Ascaris lumbricoides)

ist ein cylindrischer Wurm von leicht bräunlicher oder schmutzig gelbrötlicher Färbung; nach beiden Enden verschmächtigt er sich, nach vorn allmählicher als nach hinten. Das Kopfende (Fig. 33) zeigt drei halbmondförmige Lippen, zwischen welchen sich die Mundöffnung findet; sie führt in die 6—8 mm lange Speiseröhre, an welche sich der sehr lange meist grünlich oder bräunlich gefärbte Darm anschließt; seine Öffnung liegt kurz vor dem Schwanzende.

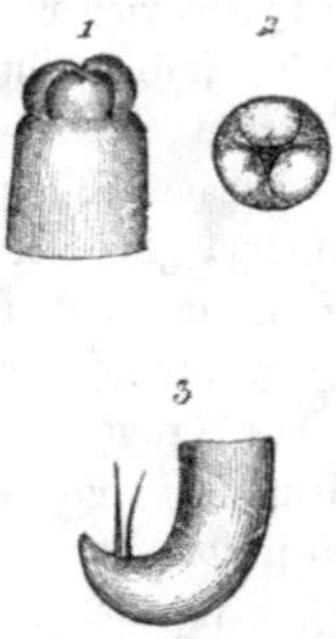

Fig. 33. Spulwurm. 1. Kopf von der Seite, 2. Kopf von oben, 3. Schwanzende des Männchens.

Das Männchen ist bis 27 cm, das Weibchen bis 32 cm lang. Die Eierstöcke, Eileiter und Fruchthalter sind von außerordentlicher Länge;

bis 1400 mm maß ich sie bei dem 143 mm langen Weibchen. Die Eier, deren Gesamtzahl auf 60 Millionen in einem Weibchen geschätzt wird, sind oval, mit derber, dunkler, doppelter Schale und dunkelkörnigem Inhalte; sie messen 0,05 mm; meist sind sie vom galligen Darminhalte dunkelbraungrün gefärbt.

An feuchten Plätzen entwickeln sich die Eier, welche oft zu unzähligen in den Ausleerungen enthalten sind, in der Regel erst nach Monaten, bisweilen nach Jahr und Tag; es bildet sich in ihnen ein wurmförmiges Wesen von 0,3 bis 0,4 mm Länge. Gegen äußere Eingriffe sind die Eier sehr widerstandsfähig; wiederholtes Eintrocknen und Einfrieren hindert nicht ihre spätere Entwicklung; jahrelang bleiben sie entwicklungsfähig, eben so bleibt der junge Wurm im Ei jahrelang am Leben.

Über die weiteren Schicksale der Jungen, sowie über die Wege, auf welchen sie in den Menschen geraten, herrscht noch völliges Dunkel.

Es lebt der Spulwurm beim Menschen im Dünndarme meist gesellig; von da verirrt er sich bisweilen in benachbarte Hohlräume.

Der Mensch ist nicht der einzige Wirt des Spulwurms, auch im Rinde und Schweine wird er sehr häufig gefunden.

Mit geringen Ausnahmen ist dieser Schmarotzer über die ganze Erde verbreitet; besonders häufig ist er in wärmeren Klimaten und bei Völkern auf niederer Kulturstufe; bei solchen findet er sich gewöhnlich auch in weit größeren Mengen bei den einzelnen Individuen.

Bei zivilisierten Völkern leiden die besser situierten Stände, mit Ausnahme der Kinder, sehr wenig, die ärmeren Klassen der Bevölkerung ohne Unterschied von Alter und Geschlecht sehr häufig am Spulwurm.

Da der Spulwurm keineswegs ein ganz unschuldiger Gast ist, im Gegenteil gar oft Störungen der Gesundheit hervorruft, so wäre es sehr wünschenswert genauer über die Art, wie ihn der Mensch erwirbt, unterrichtet zu sein, um die Wege der Einfuhr abzuschneiden. Nur im allgemeinen vermögen wir uns aus der Verbreitungsweise und dem Vorkommen Vorstellungen über diese Wege zu bilden und Vermutungen zu hegen.

Da die Spulwürmer bei Völkern mit niedriger Kulturstufe in so allgemeiner Verbreitung und enormer Zahl sich finden, bei zivilisierten Völkern dagegen nur gewisse Gruppen, in den gebildeten und wohlhabenden Klassen nämlich nur die Kinder, in den ungebildeten aber alle Altersklassen mit geringen Schwankungen, daran leiden, so ist der Schluß gerechtfertigt, daß ein allen diesen gemeinsames Moment die Einfuhr dieser Schmarotzer begünstigen müsse. Mangelnde oder doch ungenügende Reinlichkeit dürften wohl unzweifelhaft als das nächstliegende anzusehen sein.

Mit Spulwurm-Eiern verunreinigte Nahrungsmittel und Getränke vermögen die Übertragung am leichtesten zu vermitteln. Besonders hat man Früchte, Gemüse, Salate und andere in ungekochtem Zustande zu genießende Gegenstände als solche Träger beschuldigt; auch eine Verunreinigung des Trinkwassers mit Spulwurm-Eiern von undichten Senkgruben her ist angenommen worden; ja man hat sogar solche im Brunnenwasser nachgewiesen.

Alle diese Möglichkeiten müssen zugegeben werden, trotzdem sind dies aber nur Vermutungen und wir müssen leider gestehen, daß wir trotz der mehr als zweitausendjährigen Bekanntschaft mit diesem Schmarotzer noch heute bestimmt die Einfuhrwege nicht anzugeben vermögen.

Wir sind in Folge dessen leider auch nicht in der Lage, bestimmt die Mittel angeben zu können, durch welche sicher seine Fernhaltung erreicht würde. Nur im allgemeinen lassen sich Maßregeln zu seiner Abwehr bezeichnen.

Daß obenan wieder die Reinlichkeit in Küche und Haus, in Speise und Trank, an Kleidern und Händen steht, geht aus dem Gesagten hervor. Besonderer Nachdruck ist auf reichliche Zufuhr reinen Wassers zu legen; sollte solches nicht zu schaffen sein, so dürfte es nur in filtrierter oder abgekochter Form zur Verwendung kommen, als Suppe, Kaffee, Thee u. s. w. Reichliche Zufuhr reinen Wassers mit allgemeiner Abnahmepflicht ist immer mehr eine dringende Forderung der Gesundheitspflege für alle Städte geworden; es würde dadurch eben so wohl die Reinlichkeit im allgemeinen und damit der allgemeine Gesundheitszustand der Bevölkerung gehoben, wie der möglichen Einfuhr von Ansteckungsstoffen, also auch von Spulwurm-Eiern ein Riegel vorgeschoben werden.

Der Pfriemenschwanz
(Oxyuris vermicularis)

gehört trotz seiner Kleinheit zu den unerträglichsten Quälgeistern des Menschen (Fig. 35); bedroht er auch nicht das Leben seines Wirtes, so kann er es ihm doch ganz gründlich verleiden. Der Pfriemenschwanz ist ein kleiner, weißer, nach beiden Enden hin sich verschmächtigender Rundwurm (Fig. 36). Das Kopfende ist mit einer Hautauftreibung versehen, wodurch es dem Bernsteinmundstücke einer türkischen Pfeife in der Form ähnelt. Die Mundöffnung ist durch drei kleine knötchenförmige Lippen geschlossen; sie führt in eine muskulöse nach hinten keulenartig breiter werdende Speiseröhre; von ihr ist ein kugliger Abschnitt, der sogenannte Schlund, scharf abgegrenzt; der darauf folgende Darmkanal geht ziemlich gradlinig durch den Körper nach der Aftermündung.

1 2

Fig. 35. Pfriemenschwanz, nat. Größe. 1 Weibchen, 2 zwei Männchen.

Das Männchen ist 3—5 mm lang, das Schwanzende spiralig eingerollt.

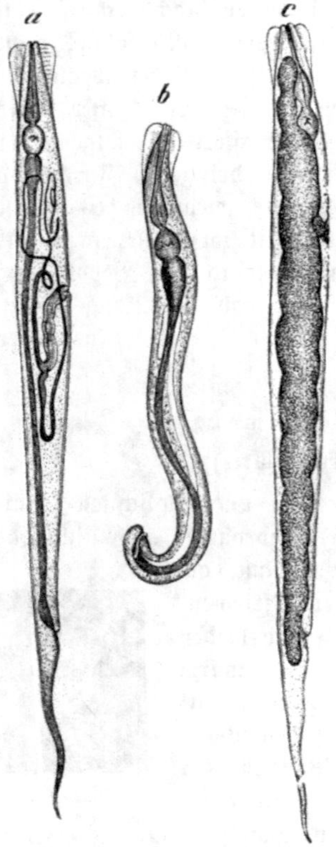

Fig. 36. Pfriemenschwanz, vergrößert. a junges Weibchen, b Männchen, c mit Eiern ausgestopftes altes Weibchen.

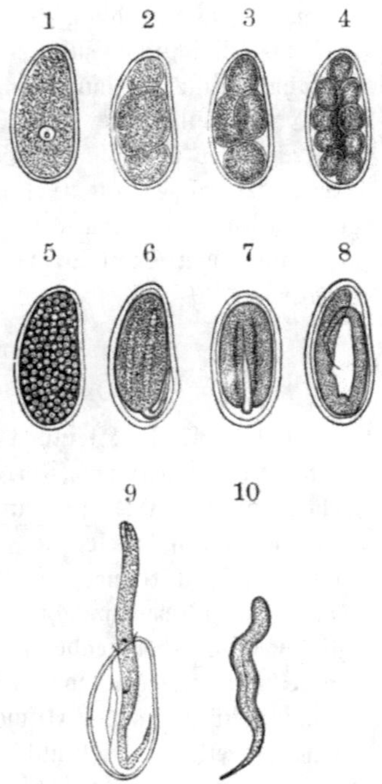

Fig. 37. Pfriemenschwanz, Ei-Entwicklung. 1—5 Furchung des Dotters, 6 und 7 kaulquappenförmiger Embryo, 8 wurmförmiger Embryo, 9 auskriechender Embryo, 10 Embryo frei.

Das Weibchen, 9—12 mm lang hat ein langes pfriemenförmig ausgezogenes Schwanzende; reife Weibchen sind von der enormen Menge Eier so völlig ausgestopft, daß alle Organe fast ganz verdeckt werden.

Die Eier sind, von oben gesehen, oval; von der Seite betrachtet zeigen sie eine flache Bauch- und gewölbte Rückenfläche, ein spitzes und stumpfes Ende; sie enthalten eine feinkörnige Masse oder den Dotter in allen Furchungsstadien (Fig. 37, 1—5); in älteren Weibchen findet man als Eiinhalt den sogenannten kaulquappenförmigen Embryo (Fig. 37, 6 u. 7), ein mit nach der Bauchseite umgeschlagenem Schwänzchen versehenes eiförmiges Geschöpfchen; zuletzt geht dieser in die weitere Entwicklungsform, den wurmförmigen Embryo, über (Fig. 37, 8).

Der Pfriemenschwanz bringt sein ganzes Leben vom Ei bis zum erwachsenen Zustande in dem Verdauungskanale desselben Menschen zu.

Wird ein reifes Ei auf irgend einem Wege in den Magen des Menschen gebracht, so wird durch die Einwirkung des sauren Magensaftes die Eischale an der gewölbten Seite nahe der Spitze gelockert; der wurmförmige Insasse drängt mit dem Kopfende gegen diese Stelle an, durchbricht die Schale (Fig. 37, 9 u. 10) und preßt sich nach und nach mit großer Anstrengung nach außen durch. Er begibt sich dann sofort in den Dünndarm, wo er unter mehreren Häutungen zur Geschlechtsreife heranwächst; nach der Paarung begeben sich die Schmarotzer in den Blinddarm, wo das Hauptquartier der Schmarotzerschar sich findet; es entwickeln sich nun die Eier in den Weibchen; sind diese strotzend damit gefüllt, so steigen sie im Dickdarme hinab und erregen endlich durch ihre lebhaften schlängelnden Bewegungen an der Ausgangspforte des Verdauungskanales das allerheftigste Jucken und den unerträglichsten Reiz. Dort legen sie ihre Eier ab, deren Insassen zu ihrem weiteren Fortkommen wiederum nach Mund und Magen desselben oder eines anderen Menschen übertragen werden müssen; geschieht dies nicht, so gehen die Jungen bald zu Grunde, da sie zu einem freien Leben unfähig sind.

Der Pfriemenschwanz ist dem Menschen eigentümlich; kein Tier außer ihm beherbergt ihn; andere Tiere haben ihre eigenen Arten. Seinen Aufenthaltsort haben wir bereits genannt. Im Dickdarme findet man ihn oft in unzähligen Scharen; alt und jung, Mann und Weib, reich und arm werden von ihm gequält; häufiger ist er allerdings und in größerer Menge vorhanden, wo Unreinlichkeit und schmutzige Gewohnheiten die Vermehrung und Übertragung begünstigen. Ihre Vermehrung ist, wenn einmal ein Mensch mit ihnen behaftet ist, eine unbegrenzte; die Selbstansteckung spielt dabei die Hauptrolle; mit Zunahme der Zahl der Schmarotzer wachsen die begünstigenden Bedingungen ihrer Vermehrung immer mehr; immer zahlreichere Weibchen treten an der Ausgangspforte des Darmes auf, das immer heftiger und häufiger auftretende unerträgliche Jucken wird immer öfter den Wirt zum Reiben und Bohren veranlassen; da dies nun vorwiegend abends in der Bettwärme geschieht, so werden leicht im Halbschlafe Finger und Nägel mit Eiern oder ganzen Weibchen beschmutzt. Werden nun im Laufe der Nacht oder morgens die Finger nach dem Munde gebracht, oder werden Nahrungsmittel damit gefaßt, oder wird die nicht seltene widerwärtige Sitte des Nagelkauens geübt, so gelangen Eier aufs leichteste an den Ort ihrer gedeihlichen Weiterentwicklung.

Es leiden deshalb Kinder und ihnen in Bezug auf Reinlichkeit nahe stehende Erwachsene am meisten am Pfriemenschwanze; Kinder werden damit von den Eltern oder von Dienstmädchen angesteckt und stecken sich gegenseitig mit den Schmarotzern an.

Eine Übertragung der Eier des Pfriemenschwanzes durch Trinkwasser findet nicht statt, da sie in solchem in kürzester

Zeit zu Grunde gehen; eben so ist Ansteckung durch den Genuß von grünem Salate nicht zu fürchten, da Tafelessig die Eier zerstört; eher könnte eine Übertragung durch die Luft unter besonders günstigen Umständen vorkommen, da die Eier das Austrocknen für einige Zeit ohne Schaden vertragen; ein häufiger Weg der Ansteckung ist dies jedoch sicher nicht.

Die Schutzmaßregeln ergeben sich wieder aus Vorstehendem. Es steht wohl kaum in der Macht eines Menschen, eine Einfuhr einzelner Eier ganz von sich abzuhalten; wohl aber ist jeder im Stande, eine weitere Vermehrung durch Selbstansteckung zu vermeiden; ängstliche Reinlichkeit in Bezug auf die Hände und besonders die Nägel ist der sicherste Schutz; Kinder sind besonders streng an Reinlichkeit zu gewöhnen; eine Überwachung der Familienglieder und Hausgenossen würde zweckmäßig sein, um etwa bei ihnen vorhandene Schmarotzer zu entfernen, welche sonst zur Quelle der Ansteckung für die Umgebung würden. Verdächtig, Pfriemenschwänze zu beherbergen, ist jeder, der, wenn auch halb unbewußt, zeitweilig Juck- und Reibbewegungen an der Ausgangspforte des Verdauungskanales macht.

Der Peitschenwurm

(Trichocephalus dispar)

ist der häufigste aller menschlichen Binnenschmarotzer; beim dritten Teile aller in Kiel zur Sektion kommenden Menschen findet er sich. Allerdings können wir ihm bis jetzt nichts Schlimmes nachsagen; still und anscheinend harmlos verlebt er seine Tage im Blinddarme des Menschen; es ist darum jedoch nicht ausgeschlossen, daß er nicht eines schönen Tages als ein schlimmer Übelthäter erkannt wird; auch die Trichinen galten 30 Jahre lang als harmlose Kuriositäten, bis Zenker sie als grimmige Feinde des Menschen entlarvte.

Sein Aussehen gibt uns am besten beistehende Abbildung (Fig. 38) in natürlicher Größe; das Weibchen (a) hat die Form einer Hetzpeitsche, das Männchen ist mit dem dickeren Hinterleibe immer spiralig aufgerollt; der dünne lange Teil ist das Kopfende des Wurmes.

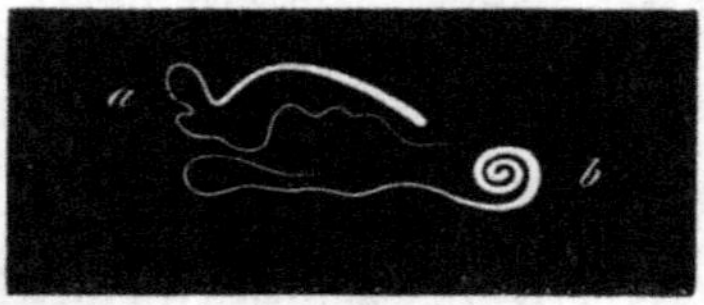

Fig. 38. Peitschenwurm des Menschen (natürliche Größe). a Weibchen, b Männchen.

Die Eier haben eine citronenförmige Gestalt; im Freien entwickelt sich nach mehreren Monaten oder erst nach Jahr und Tag ein junger Peitschenwurm; gelangen die so weit gediehenen Eier wieder in den menschlichen Verdauungskanal, so schlüpfen die Jungen aus und wachsen zu reifen Peitschenwürmern heran.

Von ganz besonderem Interesse sind die im Blute wohnenden Schmarotzer. Zwei solche hat der Mensch aufzuweisen, einen Rundwurm und einen Egel. An der Entdeckung beider haben deutsche Ärzte die größten Verdienste.

Der blutbewohnende Egel,

Distomum haematobium (Bilharzia haematobia)

ist eine schwere Geisel Ägyptens. Die Hälfte der erwachsenen Bevölkerung ägyptischen Stammes (Fellah und Kopten) soll mit ihm behaftet sein, oder gewesen sein. Der Schmarotzer wurde 1851 dortselbst von Bilharz entdeckt und von Griesinger als Ursache der gefährlichen dort heimischen Nieren- und Blasenleiden erkannt. Seitdem ist derselbe auch in Südafrika aufgefunden, scheint also eine weitere Verbreitung auf dem afrikanischen Kontinente zu haben.

Der Schmarotzer findet sich in den großen Blutadern der Baucheingeweide (Pfortader und ihren Ästen) und legt besonders in der Schleimhaut der Harnwege seine Eier ab; dadurch entstehen die genannten schweren Leiden.

Das Männchen ist ein verhältnismäßig kurzer dicker Wurm, welcher in einer Rinne an der Bauchseite das weit längere und dünnere Weibchen zum Teil eingeschlossen hält. Die beiden Saugnäpfe stehen nahe bei einander am Kopfende. Das Männchen ist bis 14 mm lang, das Weibchen mißt bis 19 mm.

Die ovalen, bisweilen birnförmigen Eier enthalten bald nach ihrer Entfernung einen mit Wimperkleid versehenen Embryo, der also zu einem zeitweiligen freien Leben im Wasser berufen ist; durch lebhafte Bewegungen sprengt er die Eischale und wird frei. Myriaden solcher junger Wesen werden täglich von den Kranken entleert; gelangen sie in Wasser, so werden sie sofort frei.

Die weiteren Schicksale der Jungen sind trotz zahlreicher Untersuchungen noch nicht erforscht; doch läßt sich aus der Lebensgeschichte ähnlicher Geschöpfe schließen, daß sie in irgend ein im Wasser lebendes Tier, wahrscheinlich eine Moluske, eindringen, in ihr zu Ammen sich ausbilden, in denen sogenannte Cercarien, junge abweichend gebildete Tierchen sich entwickeln; diese würden direkt oder nach Einschiebung eines weiteren Wirtes mit diesem in den Magen des Menschen aufgenommen, dem jungen Egel Gelegenheit geben, in die Pfortader einzudringen, wo er die zu voller Entwicklung günstigen Bedingungen findet. Es werden also die jungen Egel höchst wahrscheinlich mit ihren Wirten im Trinkwasser aufgenommen. Als Schutzmaßregel wäre, bis wir genauere Kenntnis der vollen Lebensgeschichte des Schmarotzers haben, nur vor dem Genusse unfiltrierten Wassers in Gegenden zu warnen, in welchen der blutbewohnende Egel heimisch ist.

Der neuesten Zeit gehört die Entdeckung des

blutbewohnenden Fadenwurms,

Filaria Bancrofti (F. sanguinis hominis)

an. Schon längst wußte man, daß im Blute vieler Tiere feine Fadenwürmchen in unzähligen Massen kreisen.

So hatte man solche bei Hunden in verschiedenen Gegenden gefunden; bei Ratten, Pferden, und verschiedenen Vögeln sind Blutfilarien nicht selten.

Beim Menschen kennen wir solche erst seit 1872. Nachdem Dr. Wucherer in Brasilien bei einer in den heißen Klimaten weit verbreiteten Krankheit — der Chylurie oder Hämatochylurie — solche Würmchen in dem milchigen Urine gefunden hatte, entdeckte Lewis in Ostindien im Blute an dieser Krankheit Leidenden dieselben mikroskopischen Würmchen; er bestätigte sie als die Ursache dieser Krankheit, und erkannte zugleich, daß eine Gruppe anderer den Tropen eigentümlicher Krankheiten von ihnen abhängig sei. Die eifrige Arbeit dieses Forschers und anderer hat die Lebensgeschichte dieser interessanten Schmarotzer ziemlich weit aufgehellt, obwohl noch Lücken auszufüllen sind.

Höchst merkwürdig ist die Rolle, welche in der Geschichte der Blutwürmer andere Feinde des Menschen spielen sollen, die Moskitos.

Die Blutfilarien sind winzige, nur mit stärkeren Vergrößerungsgläsern wahrnehmbare Junge eines neuerdings in verschiedenen krankhaften Geschwülsten aufgefundenen Fadenwurmes, der

Bancrofts-Filaria
(Filaria Bancrofti).

Dieser Wurm ist haardünn, bis 80 mm lang, lebende Junge zur Welt bringend, welche in das Blut des Wirtes eindringen und zu Millionen darin kreisend eine ganze Reihe von krankhaften Störungen hervorrufen; diese kommen selten zugleich bei demselben Individuum zum Ausbruche, bald tritt nur eine bald die andere auf; besonders ist es, wie erwähnt, die tropische Chylurie oder Hämatochylurie, dann die Elefantiasis, Lymphgeschwülste und ähnliche Störungen, alles Krankheiten, welche in den Tropen in ungemeiner Verbreitung herrschen.

Die im Blute zirkulierenden Würmchen messen 0,34 bis 0,37 mm in der Länge und 0,007 bis 0,008 mm in der Dicke; sie haben ein abgerundetes Kopfende und ein spitzes Schwanzende. In der Regel sind sie von einem äußerst feinen Häutchen umhüllt. Jeder Tropfen menschlichen Blutes enthält bei damit behafteten Individuen mehrere bisweilen bis 18 Stück; ihre Gesamtzahl wäre darnach wohl in einem Individuum auf Millionen zu schätzen. In einem von Lewis angefertigten mikroskopischen Präparate aus einem Blutgerinnsel entnommen, zählte ich auf einer Kreisfläche von nur 13 mm Durchmesser 380 Stück des Schmarotzers. Es ist begreiflich, daß trotz ihrer Kleinheit so gewaltige Scharen wesentliche Störungen hervorrufen.

In verschiedenen Ländern sind seitdem dieselben Blutwürmchen bei zahlreichen Menschen aufgefunden, so nächst Brasilien und Ostindien, in China, Ägypten, Australien, Westindien; wahrscheinlich werden sie in allen unter den Tropen gelegenen Ländern heimisch sein. In Bahia in Brasilien soll $8^1/_3$ % der Bevölkerung die Blutfilarien beherbergen.

Die gewaltige Bedeutung der Schmarotzer regte eine große Zahl Ärzte zu eifrigster Forschung an, um der Lebensgeschichte des Wurmes auf die Spur zu kommen. Eine wichtige Entdeckung gelang Dr. Manson, einem englischen Arzte in China; er fand, daß die Moskitos mit dem Blute ihrer Opfer die Blutfilarien in ihren Magen aufnehmen, und daß eine Anzahl derselben in diesen Insekten eine weitere Entwicklung erfährt. Diese Entdeckung wurde durch Untersuchung der Moskitos in Ostindien, Australien und Brasilien bestätigt.

Wie diese weiter entwickelten Jungen in den Menschen gelangen, ist noch zu erforschen; die weiblichen Moskitos legen ihre Eier in stehende Gewässer und sterben bald darnach selbst; so gelangen wohl die jungen Fadenwürmer in das Wasser, mit welchem sie dann vielleicht unmittelbar als Verunreinigung des Trinkwassers in den Verdauungskanal des Menschen und von da in die Gewebe gelangen; in ihnen zur Reife herangewachsen überschwemmen sie mit ihren unzähligen Nachkommen ihren Wirt.

Die Richtigkeit der Lehre, daß die Moskitos die Zwischenwirte der Blutfilarien seien, ist neuerdings wieder angezweifelt worden.

Zu den gefährlichsten Schmarotzern gehören die Pallisadenwürmer (Strongylus). Zahlreiche Arten derselben werden zur Todesursache der von ihnen bewohnten Tiere. Auch dem Menschen ist ein solcher eigentümlich:

Der Zwölffingerdarm-Pallisadenwurm,

Dochmius duodenalis (Anchylostomum duodenale).

Der Wurm wurde zuerst 1838 in Mailand zufällig gefunden und als ein in Oberitalien nicht seltener Schmarotzer nachgewiesen. Später fanden ihn Pruner und Bilharz in Ägypten und Griesinger erklärte 1851 ihn auf Grund eines Sektionsbefundes für die Ursache einer in Ägypten in hohem Maße herrschenden Krankheit „der ägyptischen Chlorose" (Bleichsucht). Dr. Wucherer, ein deutscher Arzt in Brasilien führte an zahlreichen Fällen den Beweis der Richtigkeit der Griesingerschen Anschauung, indem er sie auf die „tropische Chlorose" überhaupt ausdehnte; seine Angaben wurden durch eifrige Untersuchungen zahlreicher Ärzte für Cayenne, dann für die Comoren, einer Inselgruppe an der Nordspitze Madagaskars, in vollem Umfange bestätigt. Neuerdings ist er auch in Wien aufgefunden worden.

In jüngster Zeit wird berichtet, daß die im Gotthard-Tunnel beschäftigten Ingenieure und Arbeiter in Folge dieses Pallisadenwurmes wandelnden Leichnamen glichen. Wenn auch vielleicht ein Teil des Leidens auf starke Vermehrung der Schmarotzer durch Verunreinigung des Trinkwassers mit der Wurmbrut zurückzuführen sein dürfte, so wird doch wohl das Hauptgewicht auf die Folgen der sogenannten Minenkrankheit zu legen sein, eine durch die Gase der Sprengmittel bedingte schleichende Vergiftung. Für die Schweiz ist die Einschleppung dieses Schmarotzers eine sehr unangenehme Erwerbung.

Der menschliche Pallisadenwurm ist ein ziemlich dicker kurzer Rundwurm, das Männchen ist 6—10 mm lang, das Weibchen 10—18 mm (Fig. 39). Das Kopfende ist nach dem Rücken hingebogen und endigt als schräg abgestumpfter Kegel (Fig. 40), in welchem eine glockenförmige chitinöse Mundkapsel eingelassen ist (Fig. 41); am vorderen Rande letzterer sitzen vier starke klauenartige Haken, zwei kleinere finden sich ihnen gegenüber; tiefer in der Mundkapsel sind noch zwei spitze Fortsätze angebracht.

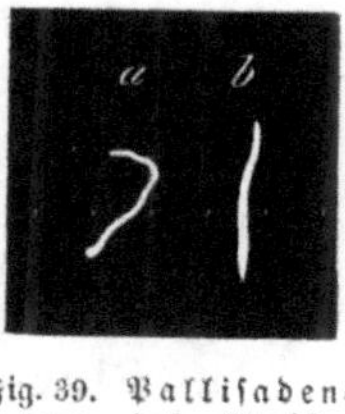

Fig. 39. Pallisadenwurm des Menschen (natürliche Größe). a Männchen, b Weibchen.

Mit Hilfe dieser schröpfkopfartigen Mundglocke zieht das Tier eine Schleimhautfalte in die Höhle hinein, sticht sie an und saugt mit seinem muskelkräftigen Schlunde Blut in sich hinein. Als Sitz hat der Pallisadenwurm den Zwölffingerdarm und das angrenzende Stück des Dünndarms beim Menschen sich erkoren. Meist findet er sich gesellig, oft in enormer Menge in demselben Darme. Bilharz fand ihn in Ägypten fast in jeder Leiche, bisweilen zu hunderten und tausenden.

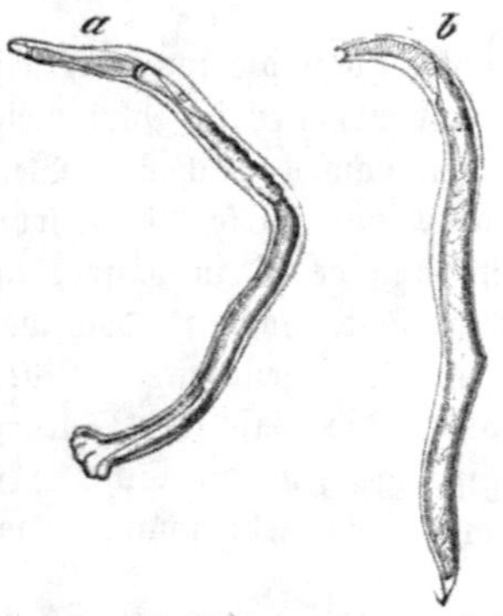

Fig. 40. Pallisadenwurm des Menschen (vergrößert). a Männchen, b Weibchen.

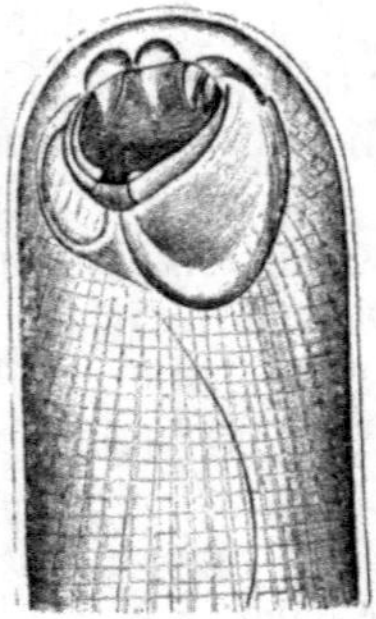

Fig. 41. Kopf des Pallisadenwurmes nach Schneider (stark vergrößert).

Die Krankheit, welche dieser fürchterliche Blutsauger hervorruft, ist in verschiedenen Gegenden unter verschiedenen Namen beschrieben: tropische Chlorose (Bleichsucht), ägyptische Chlorose, Geophagie, Hypoämie u. dergl. m.

Die Lebensgeschichte des Schmarotzers ist nur zum Teile erforscht, zum Teil läßt sie sich aus derjenigen verwandter Tiere erschließen.

In den dünnschaligen, 0,05 mm langen Eiern entwickeln sich in etwa 24 Stunden an feuchtem Orte wurmförmige

Junge; diese kriechen aus, leben eine Zeit lang im Freien und werden unter mehrmaliger Häutung größer; vermutlich werden sie dann mit Wasser oder sonst Nahrungsmitteln in den menschlichen Verdauungskanal eingeführt; dort bohren sie sich wahrscheinlich in die Darmwand ein, wachsen darin in einer Art Kapsel bis zu einem gewissen Alter heran, um dann erst in den Darm zurückzukehren und zu völlig erwachsenen Würmern durch reichliche Blutaufnahme sich heranzufüttern.

Für diese Art der Entwicklung spricht die Lebensgeschichte eines beim Hunde schmarotzenden Wurmes (Dochmius trigonocephalus), welche von Leuckart durch Versuche festgestellt wurde.

Enorme Verluste an Arbeitskraft und Menschenleben werden durch den menschlichen Pallisadenwurm verursacht; in Ägypten leidet z. B. nach Griesingers Schätzung der vierte Teil der Gesamtbevölkerung in mehr oder weniger hohem Grade daran. Diese Bevölkerung lebt allerdings meist auch unter Bedingungen, welche die Einfuhr der Jungen in die Verdauungswege in hohem Maße begünstigen. Nur in warmen Ländern kommt der Schmarotzer vor; mit größter Wahrscheinlichkeit entwickelt er sich an feuchten schlammigen Orten, führt daselbst eine Zeit lang ein freies Leben, bevor er an den für seine weitere Entwicklung geeigneten Wohnort, den Darm des Menschen, gelangt. Bei Mangel guten Trinkwassers nötigen Hitze und Durst die armen meist auf niedriger Kulturstufe stehenden Menschen aus Pfützen und Cisternen unreines und schlammiges Wasser zu schöpfen.

Daraus ergeben sich die Schutzmaßregeln, deren Kenntnis bei dem starken Verkehre mit den behafteten Gegenden besonders auch, da diese zum Teil als klimatische Kurorte neuerdings in Aufnahme gekommen sind, nicht überflüssig sein dürfte.

Diese Schutzmaßregeln, so weit sie den einzelnen betreffen, sind vor allem die äußerste Vorsicht und Reinlichkeit in Bezug auf Speise und Getränke überhaupt, besonders aber ist vor dem Genusse von Wasser aus Pfützen und Cisternen dringend zu warnen; sollte nur solches zur Verfügung stehen, so dürfte es nicht ohne sorgfältige Filtrierung getrunken werden.

Daß eine Schaffung reinen Trinkwassers eine zwar kostspielige, aber bei den enormen Verlusten an Menschenkräften in diesen Gegenden doch höchst lohnende Maßregel wäre, leuchtet ein; bei dem gegenwärtigen Zustande der betreffenden Länder ist allerdings nicht zu hoffen, daß so bald solche die Gesundheit, Arbeits- und Erwerbskraft der Bevölkerung hebende Maßregeln unternommen werden.

Der Guinea- oder Medina-Wurm
(Dracunculus medinensis).

Die älteste Nachricht über diesen Schmarotzer soll nach Bartholins Vermutung, welche von Küchenmeister sehr wahrscheinlich gemacht wird, uns von Moses berichtet sein (4. Moses Kap. 21 V. 6). In der That ist es sehr einleuchtend, daß die feurigen Schlangen, welche in der Nähe des roten Meeres zur Strafe über die murrenden Kinder Israel kamen, Medina-Würmer waren.

Weit später erst finden wir eine höchst wahrscheinlich auf den Medina-Wurm zu beziehende Nachricht, welche auf den Philosophen und Geographen Agatharchides aus Knidus zurückgeführt wird; Plutarch läßt ihn in seinen Tischreden erzählen, „daß die am roten Meere Erkrankenden an vielen seltsamen und unerhörten Zufällen litten; unter anderem kämen Würmer wie kleine Schlangen an ihnen hervor, welche Beine und Arme zernagten und bei Berührung sich wieder zurückzögen, in die Muskeln wickelten und da die unleidlichsten Schmerzen verursachten."

Der weibliche Medina-Wurm, der bis jetzt allein bekannt, ist von Aussehen einer dicken Darmsaite und mißt 60—80 cm; größere Längenangaben scheinen nach Leuckart auf Irrtum zu beruhen; der Wurm ist ungemein dehnbar und wird durch das Ausziehen so sehr gestreckt. Der Körper ist gleichmäßig cylindrisch, der Schwanz endet in eine ziemlich plötzlich sich verdünnende, kurz hakenförmig gekrümmte Spitze. Der Kopf ist stumpf abgerundet mit einfacher Mundöffnung, um welche vier Papillen stehen.

Der Medina-Wurm lebt im Bindegewebe besonders der unteren Körperhälfte beim Menschen; er erzeugt dem Träger durch seine Anwesenheit mehr oder weniger heftigen Schmerz, wenn er in Teilen sitzt, bei welchen die Knochen nahe unter der Haut liegen, wie am Unterschenkel, während er in fleischigeren Teilen erst später stärkere Erscheinungen hervorruft.

So bald nämlich das Weibchen heranwächst, füllt es sich allmählich so enorm mit junger Brut an, daß es fast in einen einzigen Brutschlauch umgewandelt erscheint; es drängt dann, um die Brut nach außen zu entleeren, mit dem Kopfende meist gegen die Haut an und erregt daselbst heftige Entzündung und Eiterung, durchbricht endlich die Haut und kommt nach außen zum Vorschein; es kann nun gefaßt und ganz allmählich herausgezogen werden; darnach kann Heilung eintreten. Wird das Tier dabei zerrissen so zieht sich das rückbleibende Stück gewöhnlich zurück und erregt durch Entleerung seiner Brut in die Gewebe heftige oft zum Tode führende ausgedehnte Vereiterung.

Der Medina-Wurm hat zwar eine ziemlich weite Verbreitung, doch findet er sich immer noch in begrenzten Gebieten. Besonders kommt er in Ostindien, Turkestan,

Arabien, Oberägypten, Abessinien, Kordafan, Senegambien und an der Küste von Guinea vor; in der neuen Welt wurde er ebenfalls gefunden, so in Westindien und in Brasilien; in Europa kommt er nur bei Individuen vor, welche ihn in den genannten Gegenden erworben haben.

In der Heimat des Schmarotzers ist das Vorkommen des Medina-Wurmes ein ungemein häufiges. In einzelnen Gegenden soll der vierte Teil der Einwohner daran leiden; weder Alter noch Geschlecht macht einen Unterschied, eben so wenig der Stand; wer sich der Gefahr, ihn zu erwerben, aussetzt, bekommt ihn; meist finden sich nur ein bis zwei Würmer in demselben Menschen; es sind jedoch auch Fälle mit 50 Stück beobachtet; nicht selten wird wiederholt derselbe Mensch von solchen befallen, so daß manche ganz mit Narben früherer Durchbruchstellen bedeckt sind.

Erst in allerneuester Zeit ist es geglückt, der Entwicklung des Medina-Wurmes auf die Spur zu kommen. Es ergab sich, daß die aus dem Körper entleerten Jungen, deren ein einziges Weibchen viele Millionen aussäet, in eine kleine Krebsart, Cyclops, einwandern, indem sie eine weiche Stelle am Bauche zum Einbohren aufsuchen; in der Leibeshöhle des neuen Wirtes wachsen sie, ihre Form erfährt nach einer Häutung bedeutende Abweichungen von der seitherigen Gestalt; während die Jugendform durch einen langen spitzen Schwanz sich auszeichnete, bekommen die in Cyclopen eingewanderten ein stumpfes in drei Spitzen auslaufendes Ende; zugleich zeigen alle ihre inneren Teile ein höhere Ausbildung.

In den Cyclopen scheinen sie dann keine weiteren Veränderungen zu erfahren, sondern bleiben bis sie zugleich mit ihrem Wirte zufällig im Trinkwasser in den Menschen gelangen. In dessen Verdauungskanal werden sie wahrscheinlich einige Zeit für ihre weitere Entwicklung zu Männchen und Weibchen verweilen, die befruchteten Weibchen werden sich dann in das Zellgewebe ihres Trägers bohren, um daselbst ihr kolossales Wachstum und die Entwicklung ihrer Brut zu erreichen.

Schon längst war es unzweifelhaft festgestellt, daß die Erwerbung des Medina-Wurmes in bestimmter Beziehung zum Wasser stehe, doch fehlte noch jede Kenntnis von dem Schicksale der jungen Brut. Man glaubte schon durch Baden in gewissen Teichen sich den Medina-Wurm erwerben zu können, ja die Wasserträger in Ostindien sollten ihn besonders häufig am Rücken haben, wo der lederne Wasserschlauch anliegt; man nahm an, daß die Einwanderung durch die unverletzte Haut erfolgen könne.

Alle diese Vermutungen sind hinfällig geworden, seit die Cyclopen als Zwischenwirte für die jungen Medina-Würmer nachgewiesen sind.

Der Mensch erwirbt sie also, indem er unreines Wasser trinkt, in welchem Cyclopen sich finden. Die Gelegenheit dazu ist in den heißen Ländern reichlich geboten, eben so für die Cyclopen, sich mit der Wurmbrut zu versehen.

Wer sich in solchen Ländern von Schmarotzern freihalten will, darf kein unfiltriertes oder ungekochtes Wasser genießen.

An das Vorkommen der Cyclopen oder Flohkrebse ist also die Verbreitung des Medinawurms gebunden; bei der weiten Verbreitung dieser Zwischenwirte — auch bei uns kommen sie in stehenden Gewässern massenhaft vor — ist es leicht möglich, daß das Gebiet des Medinawurms durch Verschleppung eine weitere Ausdehnung erfährt; eine solche scheint in der That schon stattgefunden zu haben.

Wir kommen nun zu dem menschlichen Schmarotzer, welcher ohne Frage am populärsten ist, da die Entdeckung seiner gefährlichen Eigenschaften von einer ganzen Reihe

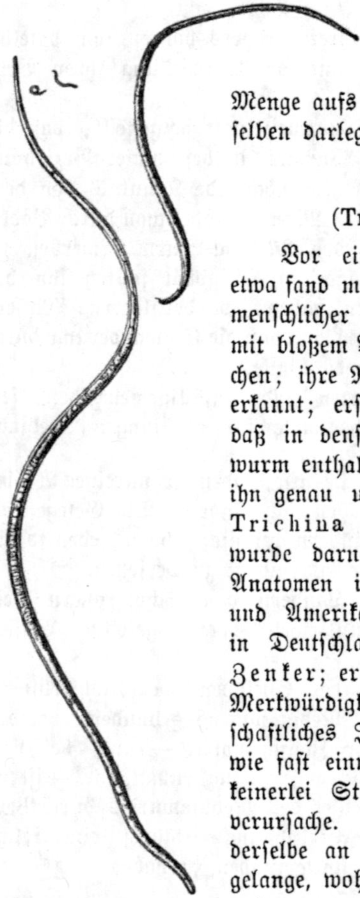

Fig. 42. Geschlechtsreife Darmtrichinen des Menschen (Männchen, Weibchen) und am Kopfe des letzteren 2 Embryonen. (Schwache Vergrößerung.)

von schweren Epidemien gefolgt war, welche der großen Menge aufs klarste die Wichtigkeit derselben darlegte.

Die Trichine.

(Trichina spiralis.)

Vor einem halben Jahrhundert etwa fand man zufällig in dem Fleische menschlicher Leichen feine, gerade noch mit bloßem Auge erkennbare Kalkkörnchen; ihre Natur aber blieb noch unerkannt; erst 1835 entdeckte Paget, daß in denselben ein kleiner Rundwurm enthalten sei; Owen beschrieb ihn genau und gab ihm den Namen Trichina spiralis. Der Wurm wurde darnach immer häufiger von Anatomen in England, Deutschland und Amerika gefunden, so besonders in Deutschland von Virchow und Zenker; er galt jedoch mehr als eine Merkwürdigkeit, welche nur wissenschaftliches Interesse erregte, da er, wie fast einmütig angenommen wurde, keinerlei Störungen beim Menschen verursache. Nur die Frage war, wie derselbe an diese verborgenen Stellen gelange, woher er wohl stammen möge, und wo er wohl seine weitere Entwicklung eigentlich zu erwarten habe.

Dieser scheinbar harmlose Gast wurde 1860 von Professor Zenker, damals in Dresden, jetzt in Erlangen, als einer der gefährlichsten, Gesundheit und Leben bedrohenden Feinde des Menschen entlarvt. Er fand bei einem Dienstmädchen, das an einer dem Nervenfieber ähnlichen Krankheit gestorben war, nicht diese Krankheit, sondern als Ursache der Erkrankung und des Todes unzählige Trichinen, welche frisch in das Fleisch des Mädchens eingedrungen waren. Auch die Quelle woher die winzigen, doch mächtigen Feinde bezogen waren, gelang Zenker nachzuweisen. Er fand in dem noch vorhandenen Fleische eines kurz vor der Erkrankung auf dem Gute, woher das Mädchen kam, geschlachteten Schweines zahlreiche eingekapselte Trichinen. Zugleich stellte er fest, daß auch noch andere, welche von dem Fleische gegessen hatten, an ähnlichen Krankheitserscheinungen darniedergelegen hatten und zum Teile noch an solchen litten.

Fig. 43. Darmtrichinen. a Männchen, b Weibchen, lebende Junge gebärend.

Die vor 1860 aufgefundenen Fälle von Trichinen beim Menschen waren somit Fälle von geheilter Trichinenkrankheit. Bald bestätigten an anderen Orten neue Erkrankungen die Entdeckung und verbreiteten Aufregung unter dem Schweinefleisch liebenden Publikum. Kein Jahr ist seitdem vergangen, ohne daß kleinere oder größere Gruppen der Trichinenkrankheit vorgekommen wären. In aller Gedächtnis ist das traurige Schicksal, welches das Dorf Hedersleben 1865 traf. Es erkrankten von 2000 Einwohnern 337 und starben 101 an der Trichinenkrankheit.

Die Trichine kommt in zwei Formen zur Beobachtung, als Darmtrichine und als Muskeltrichine.

Die Darmtrichinen (Fig. 42) sind äußerst feine haarförmige leicht gebogene Rundwürmer mit dünnerem Kopf- und dickerem Schwanzende. Sie sind als feinste Fädchen für das bloße Auge sichtbar, wenn sie in klarer Flüssigkeit aufgesammelt sind; im trüben Darminhalte können sie nur durch besondere Methoden gefunden und erkannt werden. Die Männchen sind 1½ mm lang, die Weibchen 3—4 mm. Die Darmtrichinen leben im Dünndarme des Menschen und zahlreicher Tiere, ihre Lebensdauer ist eine beschränkte, nach 7—8 Wochen sterben sie und werden entleert. Die Trichinen bringen lebende Junge zur Welt; am siebenten Tage, nachdem trichinenhaltiges Muskelfleisch in den Magen gebracht worden ist, haben die daraus frei gewordenen Schmarotzer ihre volle Entwicklung erreicht und beginnen Junge zu gebären (Fig. 43).

Die junge Brut verweilt nicht im Darme, sondern begibt sich sofort nach Durchbohrung der Darmwände auf die Wanderschaft, um in das Fleisch der willkürlichen Muskeln zu gelangen (Fig. 44). Das Muskelfleisch besteht aus lauter kleinen in gleichen Linien neben einander liegenden Faserbündeln; jedes Bündel läßt sich mit feinen Nadeln wiederum in kleinere Bündel zerlegen; diese wiederum sind aus einzelnen Fasern, den ursprünglichen Fasern (Primitiv-Fasern) zusammengesetzt. Jede dieser feinsten Fasern besteht aus einer äußerst feinen glashellen Hülle, in welcher der eigentliche Fleischstoff eingeschlossen ist. In dem feinen glashellen Schlauche nun, welcher diese Primitivfasern umhüllt, findet die junge Trichine allein die für ihre Ernährung und ihr Wachstum günstigen Bedingungen; sie dringt deshalb in diesen Schlauch ein und verzehrt, wie es scheint, den darin enthaltenen Fleisch-

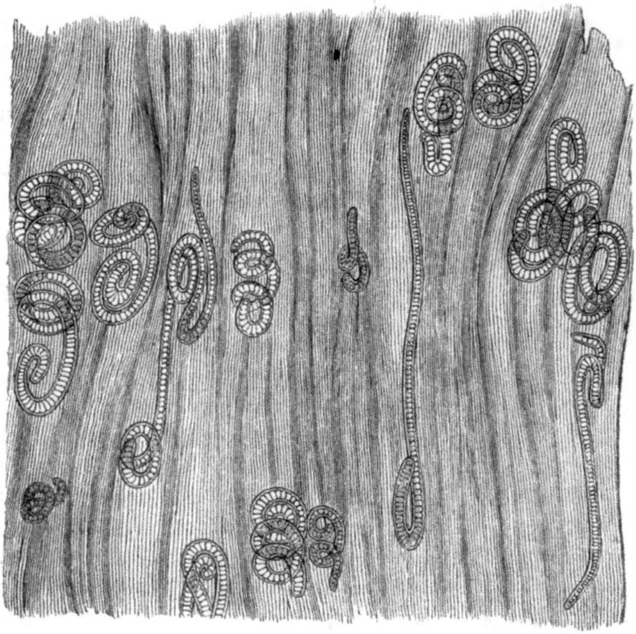

Fig. 44. Frisch eingewanderte Muskeltrichinen, von dem Falle, durch welchen Professor Zenker die Trichinenkrankheit entdeckte.

stoff, indem sie allmählich wohl in der Faser weiter geht. Es wird somit durch sie dieser Fleischstoff zerstört. Anfangs liegt die junge Trichine gestreckt in der Fleischfaser; sobald sie weiter heranwächst windet und rollt sie sich um (siehe

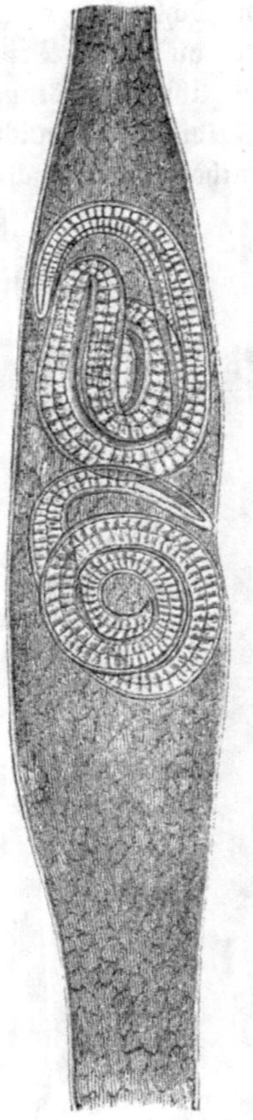

Fig. 45. Zwei Trichinen in einer Muskelfaser des Menschen, frisch zusammengerollt. (Etwa 300 mal vergrößert.)

(Fig. 45); wenn sie die Größe erreicht hat, welche ihr im Muskelfleisch zu erreichen überhaupt bestimmt ist, rollt sie sich völlig spiralig zusammen und weitet dadurch die Hülle der von ihr bezogenen Primitivfaser an dieser Stelle eiförmig aus; um sie herum vermehren sich, durch die entzündliche Reizung, welche die Anwesenheit der Trichine bedingt, die sogenannten Muskelkerne — ovale bläschenförmige Gebilde (siehe Fig. 45); die übrige Faser verliert ihren zerstörten Inhalt, fällt zusammen und schwindet allmählich; an der ausgebuchteten Stelle verdickt sich die Hülle, besonders durch die genannte Kernwucherung und wird zur Kapsel der nun eingekapselten Muskeltrichine. In diesem Zustande läßt sich die Trichine im Fleische mit dem unbewaffneten Auge nicht erkennen; löst man jedoch die Kapsel mit der in ihr enthaltenen Trichine künstlich aus dem übrigen Fleische heraus, so läßt sich sowohl die geschlossene Kapsel mit bloßem Auge als feines Körnchen erkennen, als auch die zusammengerollte Trichine, falls man sie aus ihrer Kapsel befreit.

Nach längerer Zeit lagern sich in die Kapsel Kalksalze ab, die Kapsel verkalkt oder verkreidet; sie wird dadurch weiß, und wird in dem roten Muskelfleische als feiner weißer Punkt auch für das bloße Auge deutlich sichtbar (siehe Fig. 46); durch Anwendung eines schwachen Vergrößerungsglases, einer

Lupe, gelingt es nun, die Kapseln als ei= oder citronenförmige Körperchen zu erkennen. (siehe Fig. 47); um Täuschungen jedoch sicher auszuschließen und die Trichine selbst in der Kapsel erkennen zu können, reicht die etwa

Fig. 46. Eingekapselte und verkalkte Muskeltrichinen. (Natürliche Größe.)

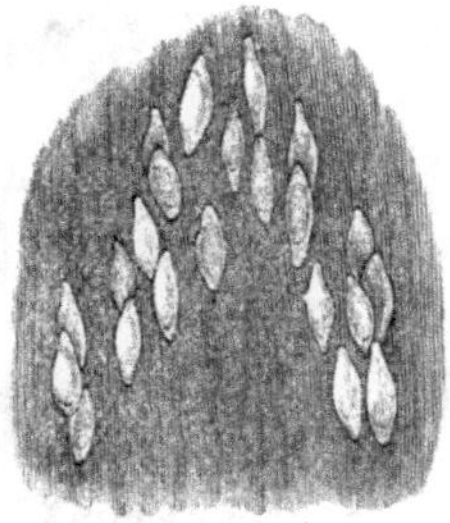

Fig. 47. Eingekapselte und verkalkte Muskeltrichinen aus dem menschl. Musc. biceps. (Lupenvergr.)

zehnfache Lupenvergrößerung nicht aus, dazu ist eine 70 bis 140malige Vergrößerung nötig (siehe Fig. 48); bei starker Verkalkung muß der Kalk erst durch eine Säure aufgelöst werden, bevor die in der Kapsel verborgene Trichine sichtbar wird; die Kalksalze lassen die Kapsel bei durchfallendem Lichte dunkel oder schwarz erscheinen, während bei auffallendem Lichte sie weiß aussieht.

Ist der Wirt der eingekapselten Trichine in gutem Ernährungszustande, so lagert sich um die Kapsel herum, besonders aber an ihren Polen Fett ab, so daß schließlich die Kapsel zu einem Fettklümpchen vergrößert erscheint; sie wird dadurch für das bloße Auge noch besser sichtbar; die deutliche Erkennung mit stärkerer Vergrößerung aber wird dadurch erschwert.

Gelangen nun die eingekapselten Muskeltrichinen in den Magen eines geeigneten Tieres, so wird ihre Kapsel von

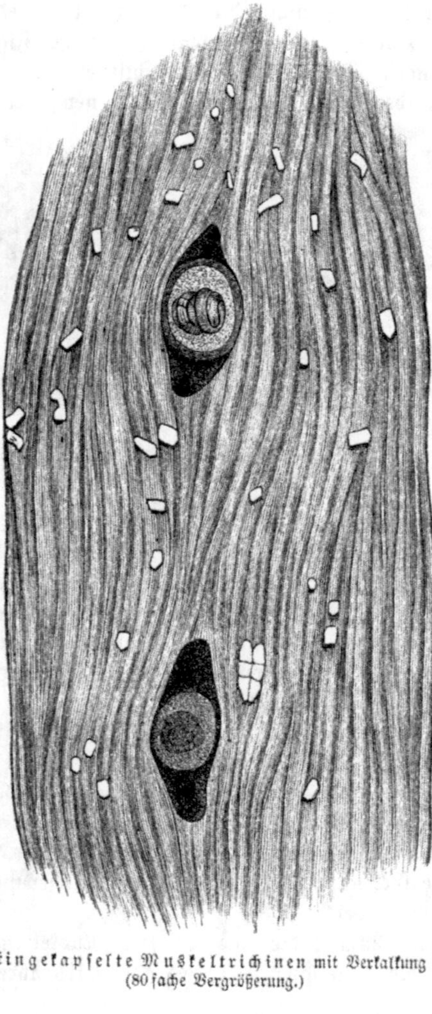

Fig. 48. Eingekapselte Muskeltrichinen mit Verkalkung der Kapsel.
(80 fache Vergrößerung.)

den Verdauungssäften aufgelöst, die Trichine wird frei, begibt sich mit dem Speisebrei in den Dünndarm hinab, in welchem sie zur reifen Darmtrichine heranwächst. So wären wir wieder bei der Darmtrichine angekommen, der Kreislauf beginnt von neuem.

Es sind somit zwei Wirte für die völlige Entwicklung einer Trichine nötig; im Muskelfleische des ersten verlebt sie ihre Jugend als Muskeltrichine, im Darme des zweiten wird sie zur erwachsenen Darmtrichine.

Während die Lebensdauer der letzteren, wie oben gesagt, nur höchstens acht Wochen beträgt, befindet sich die Muskeltrichine in einer Art von Ruhezustand, welcher viele Jahre, ja Jahrzehnte zu dauern vermag. Bisweilen jedoch sterben die eingekapselten Trichinen ohne nachweisbaren Grund; sie zerfallen dann in feine Bröckel, oder es findet Kalkablagerung in sie statt, so daß sie als eine Art von Petrefakt für immer mit Erhaltung ihrer Form aufbewahrt bleiben.

Viele Tiere sind geeignet, der Trichine als Wirte zu dienen. Außer dem Menschen ist bei folgenden dieser Schmarotzer gefunden: Schwein, Wildschwein, Katze, Ratte, Maus, Hamster, Iltis, Fuchs, Marder, Dachs, Igel, Waschbär, Nilpferd.

Durch absichtliche Fütterung ist es gelungen, sie auch beim Kaninchen, Meerschweinchen, Schafe, Kalbe und Hunde zu erziehen; bei dem letztgenannten Tiere findet in der Regel nur eine Ausbildung der eingeführten Trichinen zu Darmtrichinen statt, ohne daß eine Einwanderung von junger Brut in die Muskeln zu stande käme. Nur bei Säugetieren kommt also die Trichine vor; alle Angaben von Funden bei anderen Tieren beruhen auf Verwechslungen.

Die geographische Verbreitung der Trichinen fällt mit der ihrer Hauptträger zusammen; wo Mensch, Schwein und

Ratte sich findet, darf man auch Trichinen erwarten. So ist sie in Asien, Afrika und Australien beobachtet, in Europa und Amerika ist sie von besonderer Häufigkeit.

Wie bekommt der Mensch die Trichinen? Schon gleich bei Entdeckung der Trichinenkrankheit hatte Zenker auch die Quelle für die Ansteckung des Menschen im Schweine nachgewiesen. Bis dahin waren allerdings erst einmal im Schweine Trichinen aufgefunden worden. Obschon später noch zahlreiche Trichinenwirte nachgewiesen wurden, so kommen dieselben für den Menschen, in Europa wenigstens, so gut wie gar nicht in Betracht. Das Schwein allein ist zunächst also von Interesse für uns.

Wie häufig die Schweine mit Trichinen behaftet sind, ist noch nicht genau zu sagen, da nur ein Teil der in Deutschland geschlachteten Schweine mikroskopisch untersucht wird. Doch liegen bereits genügende Angaben vor, um sehen zu können, daß die mit Trichinen behafteten Schweine nicht selten sind. Im Jahre 1876 war die mikroskopische Fleischschau noch nicht obligatorisch; in Preußen war sie meist nur in den Städten eingeführt, noch gar nicht in den Regierungsbezirken Schleswig, Köln, Aachen, Koblenz, Danzig. In den übrigen Regierungsbezirken ergab die Untersuchung folgendes: Von 11915 amtlichen Fleischbeschauern wurden 1728595 Schweine untersucht; trichinös befunden 800, also 1 Schwein von 2160; doch schwankte die Häufigkeit der Trichinen an den verschiedenen Orten sehr; während nämlich im Regierungsbezirke Arnsberg ein trichinöses Schwein erst auf 29361 untersuchte kam, war in Königsberg bereits eines von 149 trichinös.

In der Stadt Braunschweig wurden 1866—72 93099 Schweine untersucht, darunter 18 trichinös gefunden; in derselben Zeit in Blankenburg unter 17932:1; in Schleswig-Holstein waren 1865—74 unter 24690 untersuchten Schweinen

68 trichinös, 1:348; doch wurde nur ein sehr kleiner Teil untersucht, da in Altona allein jährlich etwa 300000 Schweine meist zum Export geschlachtet werden.

Ganz außerordentlich häufig scheint die Trichine bei den amerikanischen Schweinen zu sein. Von 622 in Rostock untersuchten amerikanischen Speckseiten waren 12 also nahezu 2% trichinös, in Gothenburg wurden nahezu 4%, in Elbing 5% mit Trichinen behaftet gefunden. Von 102662 Stück in Hamburg 1879 untersuchten amerikanischen Schweinefleischwaren wurden 1290 trichinös gefunden, während unter 47247 einheimischen Schweinen nur 4 trichinöse waren.

Es ist nun zunächst die Frage, wie das Schwein zu seinen Trichinen kommt.

Unter den Trichinenträgern waren es besonders die Ratten, auf welche als die eigentliche Quelle der Trichinen-Infektion für die Schweine die Aufmerksamkeit sich lenkte. An den verschiedensten Orten, an welchen nachweislich Gelegenheit gegeben war, trichiniges Fleisch zu fressen, wurden spontantrichinige Ratten aufgefunden. In großer Ausdehnung angestellte Untersuchungen von freilebenden Ratten ergaben sodann, daß dieselben auch in Gegenden, in welchen die Trichinenkrankheit beim Menschen bisher noch nicht oder doch sehr selten beobachtet wurde, ungemein häufig und zum Teile sehr stark trichinös gefunden werden. Bei der bekannten Gefräßigkeit der Schweine und ihrer Neigung besonders auch Fleisch zu fressen, war es durchaus wahrscheinlich, daß dieselben gelegentlich Ratten verzehren werden, es wurde aber auch noch konstatiert, daß solches geschieht. Auf Grund dieser Beobachtungen schien die Theorie, nach welcher die Schweine und indirekt auch der Mensch von den Ratten ihre Trichinen beziehen, hinreichend gestützt, um mit mehr oder weniger Entschiedenheit von den meisten Forschern angenommen zu werden. „Es sind nach dieser „Rattentheorie“ (Zenker) die

Trichinen ursprünglich und wesentlich Parasiten der Ratte. Sie erhalten sich auch innerhalb des Rattengeschlechtes unmittelbar durch kontinuierliche Fortpflanzung von Ratte zu Ratte (unabhängig von einem etwaigen Import anderweiten trichinigen Fleisches). Zwar gehen die Trichinen von den Ratten aus auch in andere Tiere, besonders Schweine (aber auch Katzen, Füchse u. s. w.) und mittelbar auch in den Menschen über. Aber dies ist für die Erhaltung des Trichinengeschlechts im Haushalte der Natur unwesentlich. Ohne immer neue Zufuhr von den Ratten würden sich die Trichinen bei diesen anderen Tieren nicht dauernd erhalten." „Vertilgen wir die Ratten, so vertilgen wir auch die Trichinen" lautet der Schluß.

Zenker hat die Unrichtigkeit der „Rattentheorie" nachgewiesen und gezeigt, wie die trichinös befundenen Ratten fast ohne Ausnahme von Fallmeistereien, Schlächtereien u. s. w., kurz von Orten stammen, an welchen sich zeitweilig oder stets frisches Fleisch von gefallenen und getöteten Schweinen vorfindet, daß sie also ihre Trichinen in erster Linie vom Fleische anderer trichiniger Tiere, nicht von ihrem eigenen Geschlechte beziehen; dazu kommt, daß die Ratten nur bei Mangel an Nahrung, besonders Fleischnahrung, die Leichen von ihresgleichen fressen, wovon gerade an den genannten Orten sicherlich keine Rede sein kann. Wiederholt habe ich mich überzeugt, daß an Orten, welche von Ratten wimmeln, getötete Ratten Tage und Wochen lang umherlagen, ohne von ihres Gleichen berührt zu werden. Der Einwand, daß keine Schweine an Fallmeistereien abgeliefert werden, ist an der Hand der Listen solcher widerlegt. Es gilt sicherlich der Satz: wo Trichinen unter den Ratten gefunden werden, da müssen trichinöse Schweine oder andere Fleischfresser gewesen sein. Das Schwein ist der eigentliche und ursprüngliche Trichinenträger, in ihm läuft der ganze Kreislauf der

Trichinenentwicklung ab, in ihm pflanzen sich die Trichinen von Geschlecht zu Geschlecht fort, von ihm bezieht der Mensch, die Ratte, die Katze in der Regel die Trichinen.

Während jedoch für den Menschen die Quelle der Ansteckung sich nur im Schweine findet, kann das Schwein seine Trichinen auf verschiedenen Wegen erwerben.

Als solche Wege sind zu betrachten: erstens die Ansteckung durch Verschlucken von Kot trichinenkranker Menschen und Schweine und mit ihm von Darmtrichinen und Embryonen, wahrscheinlich aber von noch nicht aus der Kapsel ausgefallenen Muskeltrichinen; dieser Weg ist sicher sehr selten.

Der zweite Weg der Ansteckung ist das Fressen trichinigen Fleisches anderer Schweine. Es gibt hierfür zwei Gelegenheiten. Vor allem wies Zenker an der Hand geltender Vorschriften und Betriebsweisen „die Fallmeistereien, in welchen Schweine gezüchtet werden, als die allerraffiniertesten Trichinenschweine-Züchtungsanstalten, die sich nur ausdenken lassen“, nach; es ist nämlich den Fallmeistern das Verfüttern des wasenmäßigen Fleisches an Hunde, Geflügel und Schweine ihrer Wirtschaft gestattet; daß sie kein Unrecht darin sehen, solche Schweine, welche ihnen unschädlich sein sollen, auch sonst zu verkaufen, ist natürlich; eben so, daß solche Schweine in der Regel erst durch mehrere Hände gehen, bevor sie geschlachtet werden, daher ihre Abstammung nicht immer genau nachzuweisen sein wird.

So ist es nicht wunderbar, daß die Zahl der nachweislich von Abdeckereien stammenden Trichinenschweine schon ziemlich groß ist; auch die erste richtig erkannte Trichinosengruppe in Korbach 1860 war durch ein vom Abdecker gekauftes Schwein veranlaßt; eben so das Schwein, welches die Hettstädter Epidemie veranlaßte. Auch in Holstein sind zwei Jahre nach einander je zwei von Fallmeistereien stammende trichinöse Schweine aufgefunden worden.

Mit Recht aber vermutet Zenker, daß auch sonst von Schlächtern und Züchtern gefallene Schweine in ähnlicher Weise zum Verfüttern an die übrigen Schweine ihres Stalles verwendet werden.

Die dritte Gelegenheit, auf welche Zenker besonders nachdrücklich aufmerksam macht, ist die auf Höfen und gewiß auch in Schlächtereien herrschende Gewohnheit, Fleischabfälle beim Schweineschlachten an die Schweine des Gehöftes zu verfüttern. Weit verbreitet oder wohl allgemein ist der Gebrauch, das Wasser, mit welchem die beim Würstemachen u. dgl. benützten Tische, Bretter, Hackklötze und Instrumente abgewaschen werden, in den Futtertrog zu gießen; dadurch gelangen die zahlreichen, besonders in den Hackfurchen an der Oberfläche des Hackklotzes haftenden Fleischteilchen eben dahin und sind, falls sie von einem trichinösen Schweine stammen, genügend zur Trichinisierung anderer Schweine; ist die Durchsetzung dieser auch nur eine mäßige, so genügt sie doch, schwerere Erkrankungen herbeizuführen; wird beim Schlachten eines solchen dasselbe Verfahren eingeschlagen, so werden die übrigen Schweine ein zweites Mal mit Trichinen versehen und so fort. Für Amerika hat man ausgerechnet, daß durch die dort übliche Verfütterung der Schlachtabfälle an die Schweine bald keine trichinenfreien mehr vorkommen werden.

Schlagend für die obige Anschauung ist das Auftreten von Trichinenherden; man versteht darunter Fälle, in welchen in ein und demselben Stalle desselben Gehöftes mit Pausen von Monaten, einem Jahre und darüber immer wieder Trichinenschweine nachgewiesen werden. Die Zenkersche Erklärung des Entstehens durch die Weiterverfütterung der Abfälle beim Schlachten, ist einfach und einleuchtend. Eine Reihe von solchen Erfahrungen liegt schon vor.

Keineswegs soll natürlich geleugnet werden, daß nicht auch durch Verzehren trichinöser Ratten Schweine gelegentlich angesteckt werden, eben so wie die früher genannten wilden Tiere ihre Trichinen wohl meist auf solche Weise beziehen.

Ganz unschuldig sind die verschiedenartigsten Rundwürmer, welche man gelegentlich beschuldigen wollte; so ein Rundwurm an den Runkelrüben, ein solcher im Regenwurme, im Maulwurfe, bei Vögeln, in Fischen und dergl. mehr, nur Unkunde hat solche Behauptungen aufstellen lassen. Eben so sind Fliegen und ihre Larven bei der Verbreitung der Trichinen unbeteiligt.

Wie können wir uns nun aber gegen die Trichinengefahr schützen?

Die Beantwortung dieser Frage ist von um so größerer Wichtigkeit, als dem Arzte bis jetzt keine Mittel zur Verfügung stehen, die einmal in den Körper des Menschen gelangten Schmarotzer unschädlich zu machen.

Es handelt sich bei Abwehr der Trichinenkrankheit um die doppelte Aufgabe, erstens den Menschen selbst vor derselben zu schützen, zweitens das Schwein, dessen Fleisch sich nicht von den Nahrungsmitteln ausschließen läßt, vor dem Erwerbe der Trichinen zu bewahren.

Um die erste Aufgabe zu erfüllen, muß vor allem verhütet werden, daß trichinöses Fleisch zum Verkaufe kommt. Es kann dies sicher nur durch eine obligatorische mikroskopische Fleischschau erreicht werden, mindestens allenthalben, wo Trichinen je gefunden sind, sodann an den Orten, an welchen Fabrikation von Schinken und Würsten, welche um ungekocht gegessen zu werden in den Handel gelangen, betrieben wird. Niemand wird die Schwierigkeiten verkennen, welche sich der allgemeinen Durchführung dieser mikroskopischen Fleischschau entgegenstellen. Doch hat die Erfahrung in einer Reihe von Städten ihre Durchführbarkeit nachgewiesen. Diese mikroskopische Fleischschau muß vor der Verarbeitung und vor dem Verkaufe des Tieres stattfinden.

Die Untersuchung muß erlernt werden; die Erlernung derselben ist für nicht ganz Ungeschickte nicht allzuschwer. Schmale Streifchen des zu untersuchenden Fleisches werden dem Faserverlaufe nach mit einer kleinen Schere abgeschnitten, auf einem Glasplättchen (Objektträger) in Wasser mit Nadeln etwas aus einander gezupft, ein dünnes Glasstückchen das etwas kleiner, als das erstere ist, als Deckglas aufgelegt und leicht aufgedrückt; das Präparat wird dann mit schwacher Vergrößerung durchgesucht, etwa auffallende Stellen mit stärkerer Vergrößerung*) genauer geprüft. Zusatz von Ätzkali- oder Natronlösung macht das Fleisch durchsichtiger.

Jedem Untersucher müssen auch verschiedene Quellen der Täuschung bekannt sein; vor allem sind oft irrtümlich die sogenannten Psorospermien- (Mieschersche oder Raineyschen) Schläuche für Trichinen gehalten worden. Es sind wurstförmige kürzere oder längere, bisweilen sehr lange Körper, welche im Muskelfleische innerhalb der Primitivfasern liegen, dieselben jedoch nicht völlig ausfüllen (Fig. 49). Beim Anschneiden oder Zerreißen entleert sich aus diesen Schläuchen eine große Zahl von kleinen halbmond-, kahn- oder nierenförmigen Körperchen, sogenannte Pseudonavicellen. Ihre Natur, Entstehung und Entwicklung ist noch völlig in Dunkel gehüllt. Beim Menschen sind zwar bis jetzt durch den Genuß

*) In Betreff von Wahl, Ankauf, Prüfung und Behandlung eines Mikroskopes verweise ich auf den 14. Band der Naturkräfte: Merkel, das Mikroskop und seine Anwendung. Doch möchte ich vor Ankauf der vielfach angebotenen billigen Mikroskope warnen; sie sind nur Spielzeug, durch welche nie Trichinen gefunden werden können. Man ziehe für Ankauf eines Mikroskopes einen Mikroskopiker zu Rate, um nicht für unbrauchbare Apparate Geld hinauszuwerfen. Unter 45 Mark ist kein Trichinenmikroskop zu haben.

solche Schläuche enthaltenden Fleisches keine krankhaften Störungen beobachtet, nur beim Schweine hat man durch ihre massenhafte Anwesenheit solche entstehen sehen; es darf jedoch die Möglichkeit von Gesundheitsstörungen nicht außer Acht gelassen werden, besonders bei sehr starker Durchsetzung; jedenfalls aber ist solches Fleisch minderwertig. Diese Schläuche finden sich bei Schweinen, Pferden, Schafen, Rindern, Ratten und anderen Tieren.

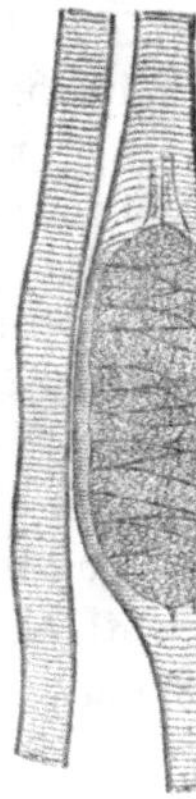

Fig. 49. Psorospermien-Schlauch in einer Muskelfaser eines Ferkels, links daneben eine normale Faser. (Schwach vergrößert.)

Andere Gegenstände der Verwechslung sind weiße kreideartige Körner, welche von Virchow als Guaningicht der Schweine beschrieben sind.

Vielfach ist die Wirksamkeit der mikroskopischen Fleischschau bezweifelt worden. Es kann natürlich hier und da einmal ein trichinöses Schwein auch bei gewissenhafter Untersuchung der Aufmerksamkeit entgehen, doch nur, wenn die Zahl der Schmarotzer sehr gering ist. Solches Fleisch wird jedoch nie so schwere Erkrankungen herrufen, da die Zahl der von einem Menschen damit aufgenommenen Trichinen nur eine kleine sein kann. Eben so kann, wie bei allen menschlichen Einrichtungen strafbare Fahrlässigkeit vorkommen.

Unrichtig ist die Behauptung, daß die Durchsetzung eines Schweines mit Trichinen eine regellose sei; daß also die Untersuchung eines Teils keine Bürgschaft für das Freisein des übrigen Fleisches gebe. Es kann mit Bestimmtheit erklärt werden, daß wenn in einzelnen für die Untersuchung zu wählenden Muskeln keine Trichinen gefunden werden, in anderen Teilen ebenfalls keine solchen oder wenn auch, doch nur in ganz vereinzelten Exemplaren sich finden. Solche

Muskeln sind besonders die Kehlkopf- und Zwerchfellmuskeln nahe den Sehnenansätzen.

Öffentliche Schlachthäuser sind für Städte allerdings die unerläßliche Grundlage einer wirksamen Fleischschau.

Der mikroskopischen Fleischschau an Wichtigkeit gleich sind die Vorsichtsmaßregeln, welche die einzelnen gegen die Trichinose zu treffen haben. Vor allem ist der Genuß rohen oder halbrohen Schweinefleisches auf das Entschiedenste zu mißbilligen; nur gut gekochtes oder gebratenes Fleisch sollte gegessen werden. Die Erfahrung sowohl als ausgedehnte Versuche haben gelehrt, daß die Trichinen einen höheren Grad von Wärme ertragen können, ohne ihre Entwicklungsfähigkeit zu verlieren, als häufig bei der gewöhnlichen Zubereitung im Inneren größerer Fleischstücke erreicht wird. Nach Dr. Fiedlers (Dresden) Untersuchungen sterben Trichinen bei 50—55° R. sicher (vielleicht auch früher, bei 45° nach Gerlach). Eine solche wird jedoch im Innern, namentlich in der Nähe von Knochen, nur bei längerem Braten und Kochen erzielt. Als allgemeine Regel kann gelten, daß das Fleisch im Innern nicht mehr rötlich oder rosig sein darf, geschweige denn blutig, sondern grau oder graulichweiß. Bratwürste und Karbonaden, welche durch längeres Braten schmacklos und trocken würden, sind besonders gefährlich und ist auf ihren Genuß zu verzichten oder zu denselben nur sorgfältig untersuchtes Fleisch zu nehmen.

Einsalzen und Räuchern, wenn es nicht sehr gründlich geschieht, gewährt keinen Schutz gegen Infektion, nur längere Fortsetzung dieser Prozeduren, die wesentlich auf Wasserentziehung beruhen, tötet die Trichinen. Das gewöhnliche Räuchern allein, wie es bei zahlreichen Wurstarten üblich ist, sowie die Schnellräucherung gewährt keinerlei Schutz, nur die Heißräucherung sichert vor Infektion.

Das Kosten rohen Fleisches, wie es Schlächter und Köchinnen üben, hat schon zahlreiche Opfer gefordert; es sollten solche Fleischbissen nie verschluckt werden.

Die zweite Aufgabe, das Schwein vor dem Erwerbe der Trichinen zu bewahren, muß dadurch gelöst werden, daß man alle die Quellen, aus welchen es sie zu ziehen vermag, möglichst verstopft.

Vor allem ist es Pflicht der Sanitätspolizeibehörden, die so reichlich fließenden Quellen in den Fallmeistereien zu schließen; es muß dies an der Hand klarer und unzweideutiger gesetzlicher Bestimmungen geschehen, welche den Fallmeistern das Halten, Füttern und Schlachten von Schweinen sowohl für den eigenen Gebrauch als für den Verkauf strengstens untersagen; die Befolgung dieser Vorschriften ist genau zu kontrollieren.

Trichinös befundene Schweine sind unter polizeilicher Aufsicht auszusieden und die Reste, in welchen etwa noch erhaltene Trichinen sich finden könnten, in einer Weise zu vergraben, daß Tiere, besonders Ratten, davon nicht mehr fressen können.

Bei der großen Widerstandsfähigkeit der Trichinen gegen Fäulnis sind solche Maßregeln sehr sorgfältig zu treffen; die Trichinen leben in völlig zerfließendem faulem Fleische noch und bleiben entwicklungsfähig bis zu 100 Tagen.

Sodann müssen die Schweine von allen Orten fern gehalten werden, an welchen sie Gelegenheit finden, Kot oder Abfälle jeder Art zu fressen; sie sind überhaupt reinlicher zu halten, als es seither vielfach üblich ist.

Die Infizierung der Schweine durch Verfütterung der Abfälle beim Schlachten an die übrigen Schweine kann nur durch die Einsicht und den guten Willen der Landwirte verhütet werden; es muß, um diesen Zweck zu erreichen, für Belehrung in landwirtschaftlichen Zeitschriften, sowie in Schulen gesorgt werden; der von Zenker scharf formulierte Grundsatz muß in Fleisch und Blut der Landwirte übergehen: „Bei dem Schlachten der Schweine darf nichts, auch nicht das Mindeste von den Abfällen, nichts auch von den Küchenabfällen zur Zeit und kurz nach dem Schweineschlachten wieder in den Futtertrog der Schweine gelangen. Es ist deshalb insbesondere auch das bei solchen Gelegenheiten benutzte Spülwasser durchaus davon fern zu halten."

Daß ein Fernhalten der Ratten von den Schweineställen, um auch solche Nebenquellen zu verschließen, durchaus zu empfehlen ist, bedarf kaum der Erwähnung; besonders ist ihre Vertilgung angezeigt an Orten, an welchen bereits trichinöse Schweine vorgekommen sind und an Trichinenherden.

Alle diese Maßregeln sind um so wichtiger, als die Erkennung der Trichinenkrankheit beim Schweine nach den übereinstimmenden Ergebnissen zahlreicher Versuche überhaupt nicht oder doch nur in den allerschwersten Fällen möglich ist.

Alle andern oft empfohlenen Mittel, wie Holzasche wöchentlich einmal ins Futter zu geben und dergleichen, ist gegen Trichinen wie Finnen völlig nutzlos.

Die Milben, welche so unzählige Schmarotzerarten fast allen Tieren liefern, stellen auch zwölf mehr oder weniger häufig den Menschen belästigende Gäste. Die meisten derselben sind dem Menschen nicht allein eigen, sondern kommen auch bei anderen Wirten vor; eine Anzahl nehmen nur gelegentlich mit dem Menschen vorlieb, wenn ihnen ihre eigentlichen Ernährer nicht zur Hand sind. So sind verschiedene Vogelmilben, welche bei unserem Hausgeflügel beschrieben werden, gelegentliche Gäste des Menschen.

Einigen der häufig vorkommenden aber dürfen wir wohl etwas Raum gönnen; unter ihnen soll die Krätzmilbe den Reigen eröffnen, da über dieselbe so starke Vorurteile und falsche Vorstellungen weite Verbreitung haben.

Die Krätzmilbe des Menschen

(Sarkoptes scabiei)

war, wie es scheint, schon Aristoteles bekannt; die erste sichere Angabe über dieselbe findet sich jedoch erst in der Physica St. Hildegardis; die Verfasserin lebte als Äbtissin des Klosters auf dem Rupertsberge bei Bingen im 12. Jahrhunderte. Dann wird sie in zahlreichen Schriften bis in unser Jahrhundert beschrieben und von einem Teile als Ursache der Krankheit, von anderen nur als Nebenbefund angesehen, wieder von anderen wurde sogar die Anwesenheit der Milben geleugnet. Im Jahre 1812 wurde eine Versammlung von Ärzten und Naturforschern in Paris durch Galès aufs gröbste getäuscht, indem er denselben Käsemilben als Krätzmilben vorzeigte. Er hatte auch die Kühnheit, dieselben als Ursache der Krätze in einem Buche abzubilden und zu beschreiben.

Viele Forscher suchten vergeblich nach Galès' Angaben nach der Milbe bei der Krätze, so daß endlich 1829 Lugol einen Preis von 100 Thalern als Belohnung für denjenigen aussetzte, welcher die Krätzmilbe wieder auffinden würde.

Ein Studierender der Medizin, Renucci, lehrte endlich 1834 in einer Versammlung von Ärzten und Studierenden zu Paris das Verfahren, nach welchem die Krätzmilbe wirklich gefunden wird; er bediente sich der alten, noch in seiner Heimat Korsika üblichen Methode, nämlich des Aufsuchens des Ganges und Hervorholen der Milbe mittels einer Nadel. Dieselbe Methode war auch in vielen Teilen Deutschlands seit lange geübt worden.

Die Existenz der Krätzmilbe war nun zwar gesichert, doch dauerte für lange noch der Streit, ob sie die Ursache der Krankheit sei oder ob, wie andere meinten, die Krankheit durch ein Gift bedingt sei, das nur an den Krätzmilben oft hafte und deshalb mit ihnen zufällig von einem Kranken auf den andern Menschen übertragen werden könne, das aber auch unabhängig von ihnen die Krankheit hervorzurufen vermöge.

Dieser Streit ist nun längst entschieden; es steht sicher, daß nur die Krätzmilben die Krankheit hervorrufen, daß nicht nur jederzeit bei Gesunden die Krankheit künstlich durch Übertragung von Krätzmilben erzeugt, sondern auch durch Tötung derselben sofort getilgt werden könne. Mit diesem von zahlreichen Forschern durch viele Versuche unzweifelhaft festgestellten Satze verlor die Krätze jede Bedeutung und die große Rolle, welche sie bis dahin in der Lehre der Krankheiten gespielt hatte.

Gehen wir nun zur Milbe selbst über, so zeigen uns die beistehenden Abbildungen, die dem vorzüglichen Werkchen Guddens entnommen sind, am besten die schildkrötenähnliche Gestalt der Milbe; die erwachsenen Weibchen (Fig. 50) sind gerade noch für das bloße Auge sichtbare, feinste, weiße Pünktchen von nicht ganz 1/2 mm Länge und etwa 1/3 mm Breite. Die Beine sind in Gabeln befestigt, die aus Chitin, einer hornartigen Substanz, bestehen; die vier Vorderfüße haben an ihrem Ende an dünnen stelzenartigen Fortsätzen sehr bewegliche Haftscheiben, die sich ausbreiten, wenn die Milbe sie aufsetzt, sich der Länge nach beim Abheben zusammenlegen. Die zwei hinteren Fußpaare haben statt der Haftscheibe lange steife Borsten.

Die Männchen (Fig. 51) sind weit kleiner, etwa 1/4 mm lang, 1/5 mm breit, die Beine sind wie beim Weibchen, nur besitzt das vierte Beinpaar wie die vorderen die gestielte Haftscheibe.

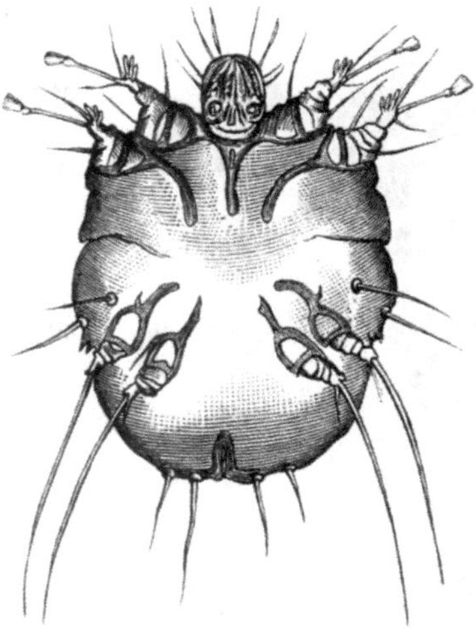

Fig. 50. Krätzmilbe vom Menschen. Erwachsenes Weibchen.

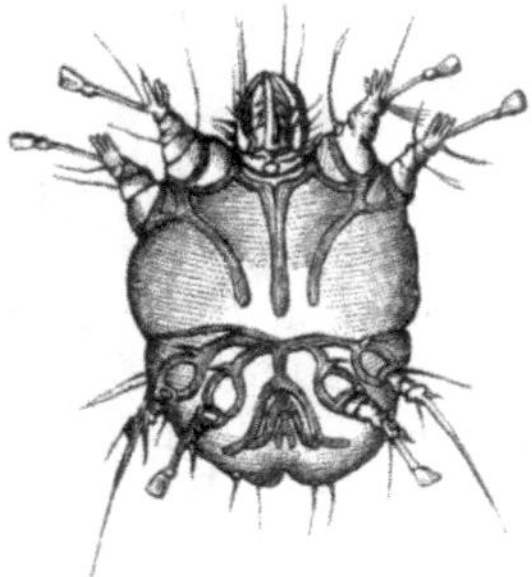

Fig. 51. Krätzmilbe vom Menschen. Erwachsenes Männchen.

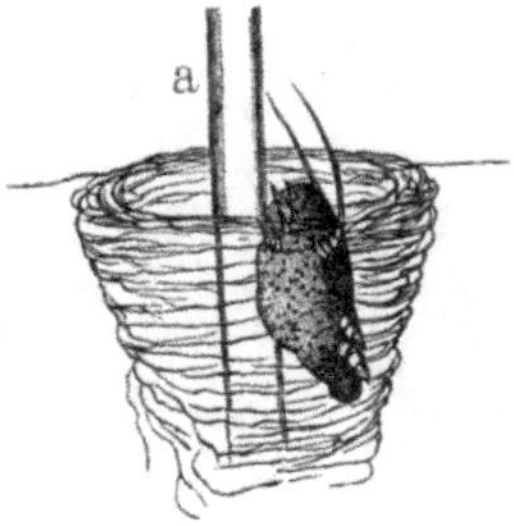

Fig. 52. Krätze. Junge Milbe in eine Haarscheide eindringend.

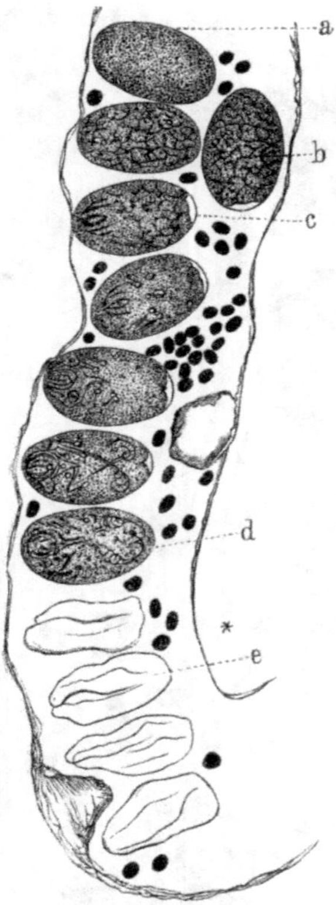

Fig. 53. **Krätze.** Ein Milbengang in der menschlichen Haut. a Frisch gelegtes Ei, b Eier mit Dotterfurchung, c—d Entwicklung der jungen Milben im Ei, e leere Eischalen, aus welchen Milben ausgekrochen sind. Die schwarzen Flecke sind Kotballen der alten Krätzmilbe.

Die Weibchen legen 40, 50 und mehr 1/6 mm lange ovale Eier, aus welchen sechsbeinige Larven auskriechen; diese machen, bis sie erwachsen sind, drei Häutungen durch; bei der ersten erhalten sie das vierte Fußpaar; die ganze Entwicklung der jungen Milben nimmt etwa 10 Tage in Anspruch; die Lebensdauer der Milben beträgt etwa 14 Wochen.

Die Krätzmilbe lebt in der Haut des Menschen und zwar in der untersten Schichte der sogenannten Epidermis, deren weiche junge Zellen ihr, wie es scheint, als Nahrung dienen. Trägt man mit einem Rasiermesser einen feinen Schnitt ab, so findet man solche Gänge, in denen die Eier in allen Entwicklungsstadien der Reihe nach liegen.

Die jungen Milben, welche aus dem von ihrer Mutter gebohrten Gange sich an die Oberfläche der Haut begeben, beißen sich anderswo wieder ein, dringen bis in die unterste Epidermisschichte; es entsteht eine kleine Ausschwitzung daselbst, welche der Milbe reichliche Nahrung liefert. Nach den Häutungen verlassen sie meist ihre Gänge, um neue sich zu graben; ihren letzten graben sie dann, um darin ihre Eier abzusetzen, am Ende des Ganges stirbt die Milbe dann an Erschöpfung.

Die Anwesenheit und Thätigkeit der Milben bedingt die Krätze genannte Hautkrankheit. Ihre Haupterscheinung ist heftiges Beißen und Jucken an den betroffenen Stellen, das besonders beim Warmwerden, also vor allem in der Bettwärme sich zeigt oder so außerordentlich steigert, daß der Kranke zu heftigem Kratzen — daher der Name — veranlaßt wird. Die Lieblingsstellen des Schmarotzers sind solche, deren Haut besonders zart ist, also zwischen den Fingern, in den Gelenkbeugen u. dgl. m. An der befallenen Stelle sieht man Bläschen und Milbengänge als punktierte geschlängelte Linien auftreten.

Die Ansteckung mit der Krätze erfolgt nur von Person zu Person, da die Milben nur in der Wärme beweglich und wanderlustig werden.

Die Milben sind sehr leicht zu töten; die Krätze ist deshalb heutzutage eine leichte und harmlose Krankheit.

Die Krätze ist über die ganze Welt verbreitet; manche Länder aber sind dank der mangelhaften Hautpflege ihrer Bewohner ganz besonders stark von ihr bevorzugt; der Volkshumor hat sich dieser Erfahrung bemächtigt: „Schottische Fidel“ (scotch fiddle) heißt sie in England.

Eine andere Milbe macht sich in manchen Gegenden sehr störend bemerklich:

die Herbstgrasmilbe

(Leptus autumnalis).

Es ist eine kleine sechsbeinige behaarte Milbe von rötlichgelber Farbe mit zwei Augen versehen (Fig. 54.). Sie treibt sich im Herbste in dürrem Grase, reifem Getreide, besonders gerne auch in Stachelbeerbüschen herum und überfällt vorüber=

streifende Menschen; sie bohrt ihren Kopf in die Haut (Fig. 55) und erzeugt durch den heftigen Reiz, den sie ausübt, kleine Beulchen, Papeln, Pusteln oder sogar kleine Geschwüre; ist ihre Zahl sehr groß, so entsteht heftiges Jucken und Rötung der Haut, bisweilen mit Fieber. Aus Frankreich berichtet man, daß die Erntearbeiter dort sehr darunter zu leiden haben; der roten Farbe wegen, wird das Übel dort rouget genannt.

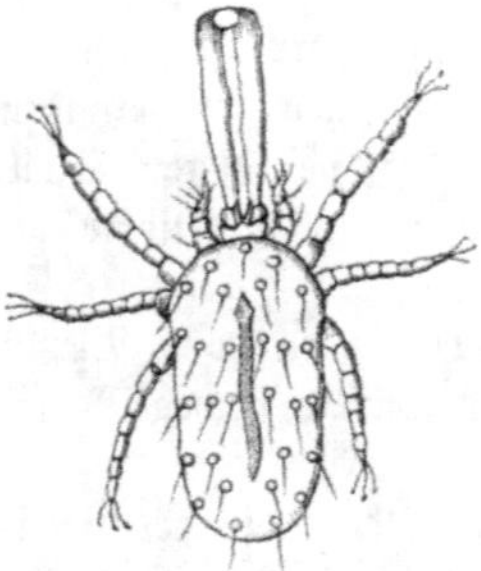

Fig. 54. Herbstgrasmilbe etwa 50 mal vergrößert (Gudden).

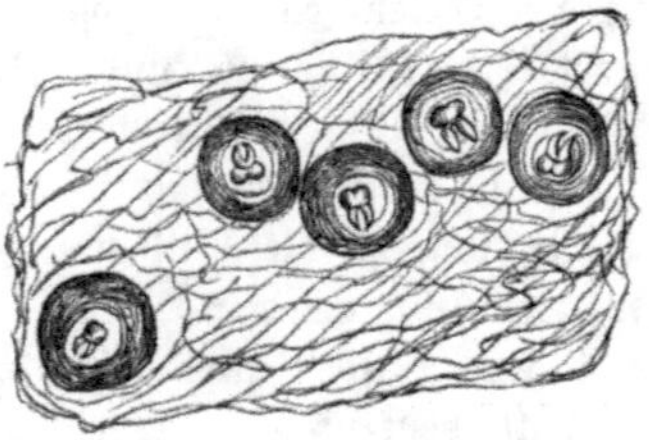

Fig. 55. In der Haut steckende abgerissene Saugschläuche von oben gesehen, vergrößert (Gudden).

Neuerdings will man in der Herbstgrasmilbe die Jugendform der zierlichen, in Gärten allenthalben sich findenden, scharlachroten Sammtmilbe (Trombidium holosericeum) erkennen.

Unsere Abbildung (Fig. 55) zeigt ein flach abgetragenes Hautstückchen, in welchem eine große Zahl von abgerissenen Saugröhren der Milben festsitzen; das Tierchen selbst, wie es in der Haut festsaß, zeigt Fig. 54. Bei den freien Milben ist die Saugröhre nicht gesehen.

Eine große Rolle spielen bei den Laien die sogenannten Mitesser. Es sind dies jedoch keineswegs Schmarotzer; viel=

mehr entsteht nur künstlich ein mit einem Kopfe anscheinend versehenes Gebilde durch die Methoden, welche zur Entfernung der sogenannten Mitesser im Schwange sind. Bei vielen Menschen entwickeln sich nämlich unter besonderen Umständen die Talgdrüsen, besonders der Gesichtshaut, sehr stark; es häuft sich reichlich dickes Talg an, wodurch die Talgdrüse vergrößert als Korn die überliegende Haut hervordrängt. In dem Ausführungsgange setzt sich leicht etwas Staub und Schmutz fest. Wird nun mit Hilfe eines Uhrschlüssels oder zweier Fingernägel die Taldrüse zusammengepreßt, so wird der Talg durch den engen Ausführungsgang in Wurmform herausgepreßt; an der Spitze findet sich als ein kopfähnliches Gebilde das schwarze, graue oder braune Schmutzklümpchen aus dem Ausführungsgange.

Es finden sich nun allerdings in den Haarbälgen und Talgdrüsen vieler Menschen kleine zu den Milben gehörige Schmarotzer:

die Balgmilben,

Acarus folliculorum (Demodex foll.).

Die Tierchen sind nur mit Vergrößerungsgläsern sichtbar; sie messen bis 0,2 mm in der Länge. In drei verschiedenen Formen finden sie sich meist; als sechsbeinige Milbe mit lang gestrecktem Hinterleibe, als achtbeinige eben so lang gestreckte und als achtbeinige mit kürzerem Hinterleibe, daneben findet man gewöhnlich auch einige Eier. Ihre Zahl in den einzelnen Haarbälgen wechselt, bis zu dreizehn Stück findet man sie in einzelnen, meist jedoch in geringerer Zahl.

Beim Menschen scheinen sie keine besonderen Störungen hervorzurufen; bei Hunden, Katzen und Rindern dagegen sollen sie keine gleichgültigen Gäste sein, wie wir bei diesen Tieren hören werden.

Der Mensch erwirbt sie durch zu vertrauten Umgang mit Hunden und Katzen.

Über eine andere,

die persische Saumzecke
(Argas persicus)

auch „Malleh" oder „Giftwanze von Miana" genannt, wird schon seit lange von Reisenden berichtet. Seit undenklichen Zeiten soll sie in der persischen Stadt Miana in großer Menge leben; es sind lichtscheue Tiere, halten sich bei Tage in Ritzen und Löchern der Wohnungen auf, überfallen bei Nacht ähnlich unserer Bettwanze die Schlafenden, um sich an deren Blut zu sättigen; ihr Biß hinterläßt ähnliche Wirkungen wie der der Bettwanze; die weiteren Berichte ihrer Folgen beruhen auf Irrtum oder Übertreibung; die Todesfälle nach 24 Stunden, die schweren Fieberanfälle mit Delirien, Krämpfen und ähnlichem sind sicherlich von den dort einheimischen, schweren Seuchen abhängig; die Pest hat gerade dort ihren bleibenden Sitz, von wo aus sie vor kurzem Europa wieder bedrohte.

Auch in Ägypten soll dieser Schmarotzer nach Taschenberg vorkommen.

Von anderen Milben, welche nur gelegentlich auf den Menschen übergehen, wie die gemeine Vogelmilbe, wird später die Rede sein.

Auch die Insekten liefern dem Menschen eine große Zahl zum Teil höchst lästiger Gäste.

Zu den treusten Begleitern des Menschen, die ihm wie der Hund über die ganze Erde folgen, gehören die Läuse und Flöhe. Die Meinung Sancho Pansas, des wackern Stallmeisters Don Quixotes, daß die Läuse beim Passieren der Linie absterben, ist leider nicht stichhaltig. An den

Haaren eines alten Mumienschädels, welchen Dr. Estorf, Stabsarzt in der kaiserl. Marine, aus Peru mitgebracht hat, fand ich die Eier der Kopflaus eben so zierlich festgeklebt, wie sie noch heute an den Haaren unserer Schuljugend zu beobachten sind.

Drei Arten Läuse betrachten den Menschen als ihre Domäne: Die Kopflaus, die Kleider- oder Leiblaus und die Filzlaus.

Die Kopflaus

(Pediculus capitis)

hat unter ihnen die weiteste Verbreitung. Küchenmeister berichtet, daß er ihre Nisse an den Haaren eines Neuseeländerkopfes, wie einer peruanischen Mumie gefunden habe; die der afrikanischen Neger sollen eine dunklere Spielart sein; doch kommen Farbenunterschiede auch bei denen der Germanen vor. Eine Beschreibung der Kopfläuse ist unnötig, da jedermann sie kennt.

Ihre Eier oder Nisse kleben sie an die Haare fest, wo sie besonders an dunklen Haaren leicht gesehen werden; nach 6—8 Tagen kriechen die Jungen aus, welche bereits nach 18 Tagen wieder Eier legen; jedes Weibchen legt etwa 50 Eier.

Das heftige Jucken und Beißen macht jeden, der etwa einmal zu Läusen gekommen, auf den Erwerb aufmerksam; häufiges Kämmen mit engem Kamme hilft bald von den ungebetenen Gästen. Benzin habe ich als tödliches Gift für Läuse kennen gelernt; so daß ein reichlich mit Jung und Alt bevölkerter Kopf durch dasselbe rasch befreit werden kann. Doch darf dies nie bei Licht geschehen, da Benzin ein äußerst leicht entzündlicher Stoff ist, dessen Dämpfe bereits sich auch an fernerem Lichte entzünden.

Weit seltener ist bei uns die

Kleider- oder Leiblaus
(Pediculus vestimenti),

doch ist die Meinung, sie ziehe das Blut von Menschen slavischer Abstammung vor, wohl unrichtig; nur die größere Unreinlichkeit, die bei unseren östlichen Nachbarn im allgemeinen herrscht, läßt sie dort so fröhlich gedeihen. Ernst Moriz Arndt erzählt in seinen Wanderungen und Wandelungen mit dem Freiherrn von Stein, mit welchen enormen Mengen sie in Rußland zu kämpfen hatten, so daß sie gleich den Kosaken sich am Wachtfeuer entkleideten und Kleider und Hemden über dem Feuer ausschüttelten; die Menge der herausfallenden Läuse sei gewöhnlich so groß gewesen, daß ein anhaltendes Knistern beim Verbrennen entstanden sei.

Auch Polen soll eben so gesegnet mit ihr sein, wie das feindliche Rußland; daher stammt der bekannte Vers:

Ich reist' einmal in Polen, da laust' ich meinen Rock,
Und fand in jeder Falte dreihunderttausend Schock.
Da ging es an ein Knick und Knack, die Nägel wurden rot,
Und jede Laus bei jedem Knack sprach bitter ist der Tod.

Die Kleiderlaus zeigt sich wenig von der Kopflaus unterschieden, nur ist sie größer, ihr Hinterleib schwärzlich gerandet, die Körperringel ungefleckt, während sie bei der Kopflaus bräunlich gerandet sind. Sie lebt wohl nur auf den unbehaarten Teilen des Körpers bei unreinlichen Menschen; mit Vorliebe verbergen sie sich in den Falten und Nähten der Kleider, wo sie auch ihre Eier ablegen. Baden und Erhitzen der Kleider und Wäsche im Ofen bis auf etwa 70 Grad genügt zu ihrer Vertilgung.

Die Kleiderlaus ist wahrscheinlich der Schmarotzer, um welchen es sich bei der historischen Läusesucht handelte. Von Herodes, Sulla, König Philipp II. von Spanien und anderen berichten die Geschichtschreiber, daß sie an Läusen, die in Geschwüren der Haut in enormer Menge sich entwickelt hätten, gestorben seien. Lange Zeit glaubte man eine besondere Läuseart — Pediculus tabescentium — annehmen zu müssen. Durch Landois haben wir 1865 einen Fall kennen gelernt, bei dem Kleiderläuse in ähnlicher Weise, wie die genannten Berichte melden, in Geschwüren der Haut und selbst unter der Haut in Beulen und Pusteln sich vorfanden.

Weit seltener noch als die vorstehenden Arten ist die

Filzlaus,

(Pediculus oder Pthirius pubis)

welche sich nur an den behaarten Teilen des Körpers bis zu Bart und Augenbrauen findet; nie aber in das Gehege der Kopflaus, die Kopfhaare, vordringt. Sie wird nur durch allzunahe Berührung mit Menschen, welche damit behaftet sind, erworben, besonders in der Bettwärme. Zu ihrer Vertilgung wird gewöhnlich graue Quecksilbersalbe verwendet; Nelkenöl thut dieselben Dienste, ist aber ungefährlicher.

Der Floh

(Pulex irritans).

Jedermann kennt den Floh; ist er doch so populär, daß Goethe ihn sogar besungen hat. Einer Beschreibung desselben bedarf es nicht. Sein Stechwerkzeug besteht aus zwei lanzettförmigen Scheidenblättern (Oberkiefer), welche zu einer viergliederigen Röhre sich zusammenlegen, in ihr steckt der hohle glatte Saugstachel oder Zunge, hinter derselben stehen noch die beiden kurzen schwertförmigen Unterkieferblätter; mit ihrer Hilfe durchsticht der Floh die Haut bis in die Blutgefäße enthaltende Schichte und saugt das Blut empor; hat er erst zu trinken begonnen, so ist er so gierig, trinkt mit so sichtlichem Behagen, daß er sich trotz seiner sonstigen

Vorsicht nicht dabei stören läßt; „Blut ist ein ganz besonderer Saft" denkt der Floh wie Mephistopheles.

Das Flohweibchen legt in Ritzen des Fußbodens, in Winkel, oder wo sonst modernde organische Stoffe sich finden seine großen länglich ovalen Eier ab; aus ihnen schlüpfen im Sommer in sechs Tagen, bei kälterer Witterung später, schlanke weiße Würmchen aus, welche mit Fühlern, Freßspitzen und Augen versehen sind; obwohl fußlos, bewegen sie sich doch lebhaft schlängelnd mit Hilfe ihres seitlichen Borstenbesatzes umher, leben vom Gemüll, werden später gelblich, bräunlich oder rötlich; nach elf Tagen verpuppen sie sich in kleinen lockeren Gespinsten aus Härchen, Fädchen, Staubbröckeln oder ähnlichen Stoffen. In diesem Cocon wandelt sich die Larve in eine erst weiße, später sich bräunende Puppe um; nach abermals elf Tagen schlüpft der Floh aus.

Allgemein verbreitet ist die Meinung, daß Mensch und Hund denselben Floh hätten; es steht aber längst fest, daß beide ihren eigenen Floh haben. Das Sprichwort: „Wer mit Hunden schläft, steht mit Flöhen auf" ist falsch. Der Hundefloh ist gewohnt im Pelze des Hundes flink zwischen den Haaren dahinzugleiten; höchst unglücklich ist er deshalb, wenn er einmal auf den Menschen gerät; verzweifelt irrt er auf ihm herum und wird dadurch allerdings sehr lästig; möglichst bald sucht er dem Menschen zu entfliehen und sucht den geliebten Dunstkreis des Hundes wieder auf. Fünfunddreißig verschiedene Floharten zählt Ritsema auf, nach anderen sollen ihrer weniger sein. Mensch, Hund, Katze, Huhn, Igel, Marder, Maulwurf haben jeder seinen eigenen Floh. Die Flöhe vertragen langes Fasten; wehe dem aber, welcher ihnen dann zuerst begegnet; der Blutdurst der Tiere, wie ich sie im Jahre 1866 z. B. in einer wenig belegten Kaserne kennen lernte, ist unbeschreiblich; sie sind dann ganz Raubtiere.

Der Sandfloh

(Nigua — Rhynchoprion penetrans).

Während die besprochenen Floharten Kosmopoliten sind, besonders der des Menschen ihn über die ganze bewohnte Erde begleitet, haben die Tropengegenden Amerikas einen Verwandten, den Sandfloh, der zum Glück bis jetzt auf seine bisherige Heimat beschränkt geblieben ist. Vom 29° südl. Breite in Südamerika erstreckt sich sein Gebiet bis zu gleicher nördl. Breite in Nordamerika; die Cordilleren bewohnt er bis 6—8000 Fuß hoch.

Nach Karsten, dem wir den besten Bericht besonders über seine Naturgeschichte verdanken, wird das Insekt, welches Wärme und Trockenheit liebt, allenthalben in der Nähe menschlicher Wohnungen oder verlassener Wohnstätten getroffen; die Angaben jedoch von dem Vorkommen in Feldern, Wäldern und Pflanzungen beruhen auf Verwechslungen mit Zeckenarten; nur in Laubhütten, welche von Feldarbeitern oder Reisenden erbaut wurden, um einige Zeit darin zu rasten, trifft man ihn auch. Solche von Menschen verlassene Hütten und Laubdächer sind dann gewöhnlich der Ruheplatz von Ratten, Mäusen und ähnlichen Tieren, die hier Schutz vor Regen suchen, so lange das Dach solchen gewährt; solche Tiere tragen dann zur Erhaltung und Vermehrung der von den Reisenden etwa hinterlassenen Sandflohbrut bei; solche Orte sind deshalb häufig besonders reich an Sandflöhen, welche dann neu ankommende menschliche Gäste massenhaft anfallen. Der Sandfloh ist nicht wählerisch; außer dem Menschen ist ihm auch das Blut von Hunden, Katzen, Schweinen, Pferden, Ziegen, Maultieren, Ratten, Mäusen und wohl vieler anderer Tiere als Nahrung willkommen.

Das Männchen dieser Insekten lebt wie unser gewöhnlicher Floh nur als ab und zu einkehrender Kostgänger, der mit Hilfe seiner Stechwerkzeuge seinem Gastgeber etwas Blut abzapft. Das Weibchen dagegen nimmt von seinem Wirte auch Obdach in Anspruch. Die befruchteten Weibchen bohren sich nämlich in die Haut des Menschen oder eines anderen

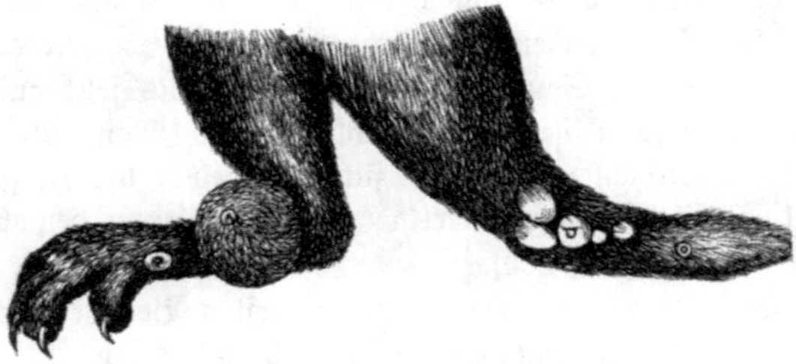

Fig. 56. Sandfloh. Hinterfuß und Stück Schwanz einer Feldmaus aus Peru mit mehreren Sandflöhen. (Natürliche Größe.) (Nach Karsten.)

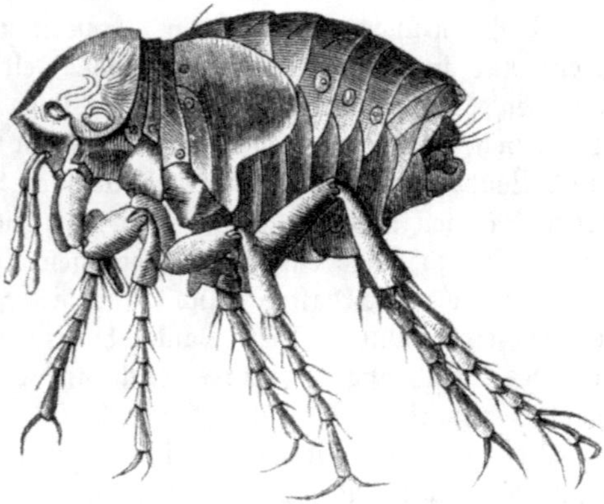

Fig. 57. Sandfloh. Ein Weibchen vor der Einwanderung. (Stark vergrößert.) (Nach Karsten.)

Tieres (Fig. 56), bei ersteren besonders gerne unter die Nägel der Zehen ein; sie wachsen dann außerordentlich stark, so daß der Körper der vorher nur 1 mm langen Tierchen (Fig. 57) bis zu 5 mm im Durchmesser und zwar in wenigen Tagen zunimmt (Fig. 58). Durch das Einbohren der Schmarotzer in die Haut wird nur ein schwacher Kitzel erregt, der leicht unbeachtet bleibt; auch später verursacht ihre Anwesenheit nur eine geringe Entzündung; wird die Stelle aber

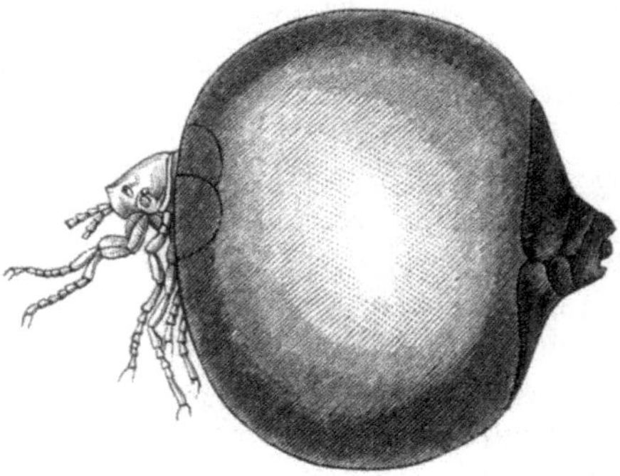

Fig. 58. Sandfloh. Ein Weibchen, nachdem es mehrere Tage in der Haut genistet hatte. (Mäßig vergrößert.) (Nach Karsten.)

gedrückt oder gereizt, so bedingt er eine heftigere Entzündung, ja Verjauchung, Brand, und sogar Wundstarrkrampf sollen bisweilen die Folge sein.

Das Sandflohweibchen stößt von Zeit zu Zeit seine Eier aus und stirbt endlich, nachdem es sie völlig entleert hat, ab und wird von der heilenden Haut entfernt.

Auf die übrigen Insekten näher einzugehen muß ich aus Rücksicht auf den Raum mir versagen. Bei den Haustieren werden wir einzelne ähnliche Formen kennen lernen, wie sie auch beim Menschen vorkommen.

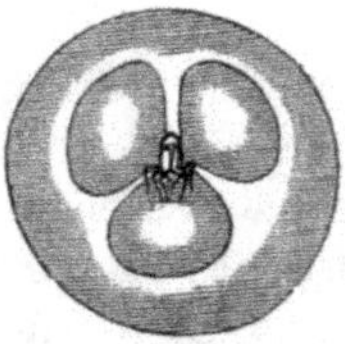

Fig. 59. Sandfloh. Ein Weibchen in der Haut völlig angeschwollen, von vornegesehen. (Wenig vergrößert.) (Nach Karsten.)

Die pflanzlichen Schmarotzer des Menschen.

Die Zahl der pflanzlichen Schmarotzer des Menschen ist eine sehr erhebliche, doch ist sie auch noch nicht annähernd festzustellen; besonders seitdem die Anschauung immermehr Boden gewinnt, daß die seuchenartigen, die sogenannten Infektions-Krankheiten, in einem bestimmten Zusammenhange mit pflanzlichen Wesen niederster Art stehen, ist es unmöglich, eine einigermaßen zutreffende Zahl anzugeben. Aber nicht nur bei den genannten Organismen, welche so fein sind, daß mit den am stärksten vergrößernden Gläsern unserer besten Mikroskope kein Größen- und Formen-Unterschied zwischen den bei verschiedenen Krankheiten gefundenen sicher wahrnehmbar ist, besteht solche Unsicherheit; auch über die Zusammengehörigkeit oder Verschiedenheit vieler der gröberen Formen ist noch keineswegs die wünschenswerte Einigung erzielt. Die Fragen, um die es sich dabei handelt, sind zum Teile rein botanische, zum Teile sind es medizinische, ihre Lösung ist daher auf diesen beiden Gebieten anzustreben.

Diese Fragen sind heutzutage durch die Fortschritte in der Erkenntnis vom Leben der Pilze ganz außerordentlich schwierig geworden. Es ist jetzt festgestellt, daß bei den Pilzen nicht wie bei den höheren Pflanzen eine einzige Form der Vermehrung stattfindet, sondern, daß in bestimmter Folge verschiedene Pilzformen auftreten, deren jede vollkommen verschiedene Fortpflanzungsorgane besitzt. Als Beispiel führe ich nur die Entwicklungsgeschichte des Getreiderostes (Puccinia graminis) an, wie sie durch de Bary nachgewiesen ist. Schon längst hatten die Landwirte beobachtet, daß Getreidefelder, in deren Nähe Berberitzensträucher sich befinden, besonders vom Getreideroste zu leiden haben. Nun hat de Bary die Richtigkeit dieser Beobachtung gezeigt. Er hat gefunden, daß der Becherrost der Berberitze (Aecidium berberidis) Sporen erzeugt, welche auf Getreide ausgesäet den Getreiderost erzeugen; der Pilz desselben, Puccinia graminis, erzeugt die Sommersporen in Form von leicht abstäubenden rostroten Häufchen auf dem Getreide, welche sich auf andere gesunde Pflanzen verbreiten und sofort auf denselben keimen; durch den Pilz wird die Entwicklung der Pflanzen und der Ähren unterdrückt; hat die Pilzkrankheit erst ein Getreidefeld ergriffen, so ist kein Einhalt zu thun. Nachdem an den Pflanzen die rostrote Bildung der Sommersporen einige Zeit bestanden hat, treten die schwarzen Häufchen der Wintersporen auf, welche nicht wieder auf Getreide keimen können, sondern nur auf den Blättern der Berberitzen sich zu entwickeln vermögen und den Becherrost darstellen; erst dessen Sporen können wieder auf dem Getreide keimen. Es findet also ein vollkommener Generationswechsel mit zwei Generationen statt, deren jede besondere Fortpflanzungsorgane entwickelt.

Es wurden also Pilze, welche seither für vollkommen verschiedene Wesen gehalten wurden, als verschiedene Entwicklungsformen eines und desselben Pilzes erkannt.

Hierin nun liegt die große Schwierigkeit; es ist die Aufgabe, zu den Krankheiten erzeugenden Pilzen die zugehörigen Formen zu finden, welche nicht auf dem Menschen schmarotzen.

Wir können hier natürlich auf die weit aus einandergehenden Anschauungen der verschiedenen Forscher nicht eingehen, sondern schildern nur einzelne der wichtigsten Formen kurz mit Beziehung auf ihre Entstehung und Verbreitung.

Unter den höheren Pflanzen gibt es keine, welche auf Tieren schmarotzend leben; denn es lassen sich die Fälle von keimenden Erbsen und Bohnen in Nasen und Ohren von Kindern nicht hierherbeziehen, da dieser Vorgang eben nur von Wärme und Feuchtigkeit abhängt; eine weitere Entwicklung der Pflänzchen an solchem Platze aber nicht zu stande kommen kann.

Von den pflanzlichen Schmarotzern des Menschen wird eine einzige Form, die Sarcine, unter dem Namen Merismopoedia punctata, den Algen zugezählt. Sie findet sich nicht selten im Magen bei Magenkrankheiten. Alle übrigen gehören zu den Pilzen (Fungi) oder Spaltpilzen (Schizomycetes), letztere werden auch häufig als Bakterien bezeichnet.

Es kann hier natürlich auf die Naturgeschichte dieser Wesen nicht eingegangen werden. Das zwölfte Bändchen der Naturkräfte „Bau und Leben der Pflanzen" von Thomé ist diesem Zweige der Naturwissenschaft gewidmet; ich muß auf die Darstellung dort verweisen.

Alle Pilze leben von organischen Stoffen; die einen von toten, es sind die Fäulnisbewohner oder saprophytischen Pilze; die schmarotzenden dagegen leben von lebenden Wesen.

Letztere scheiden wir, wie wir früher hörten, in Epiphyten = äußerlich schmarotzende und Entophyten = binnen schmarotzende Pflanzen.

Die Krankheiten, welche durch sie hervorgerufen werden, nennen wir Mykosen = Pilzkrankheiten.

Solche Pilzkrankheiten kommen vorwiegend an äußeren Teilen, an der Haut, den Nägeln, den Haaren vor, eine kleinere Zahl aber auch in inneren Organen.

So hat man Pilze in den Luftbläschen der Lungen gefunden; die am häufigsten vorkommende Krankheit der Zähne ist durch in deren Substanz eindringende Pilzfäden hervorgerufen; der sogenannte Soor (Schwämmchen, Aften), welcher so häufig im Munde von Säuglingen sich findet, ist durch die massenhafte Entwicklung des Soorpilzes (Oidium albicans) bedingt, in seltenen Fällen hat man ihn in tiefere

Teile eindringen sehen, ja im Gehirne sogar hat ihn Zenker gefunden.

Der Bierhefe=Pilz scheint in den Magen eingeführt sehr lebhaften Magenkatarrh zu erzeugen; es geschieht solches beim Genuß von jungem unausgegorenem, daher noch hefereichem Biere.

Unter den durch Pilze bedingten Krankheiten des Menschen nimmt eine durch die ausgedehnten Zerstörungen, welche sie bewirkt, eine hervorragende Stelle ein, der

Madura-Fuß.

Diese Krankheit ist in Ostindien weit verbreitet und befällt meist Hindus. Sie ist von jahrelanger Dauer. Der Fuß wird von enormen schwärzlichen, graulichen oder bräunlichen Pilzmassen nach allen Richtungen hin durchwuchert; seine weichen Gewebe nicht allein, sondern auch Sehnen und Knochen werden in ausgedehnter Weise durch das Wachstum des Pilzes zerstört. Die Zerstörung greift bisweilen auf den Unterschenkel über; sehr selten wurde sie am Handgelenke beobachtet.

Keine Behandlungsweise vermochte bis jetzt Heilung zu erzielen, nur die Amputation kann schließlich den Besitzer des Fußes vor dem Tode durch Erschöpfung retten.

Beistehende Abbildung (Fig. 60) gibt den Durchschnitt eines solchen Fußes; von Kanälen zeigt er sich durchzogen, in deren Ausbuchtungen die düster gefärbten Pilzmassen stecken.

Der Pilz ist von Berkeley dem Entdecker Carter zu Ehren Chionyphe Carteri genannt.

Von besonderem Interesse ist, daß neuerdings in Deutschland heftige Eiterungen und Zerstörungen in ähnlicher Weise durch in gelben Körnern zusammengehäufte Pilzmassen beobachtet wurden; wahrscheinlich ist eine Form des Knochen=

fraßes an der Wirbelsäule, die Langenbeck schon 1845 beobachtete, auf ähnliche Pilze zurückzuführen.

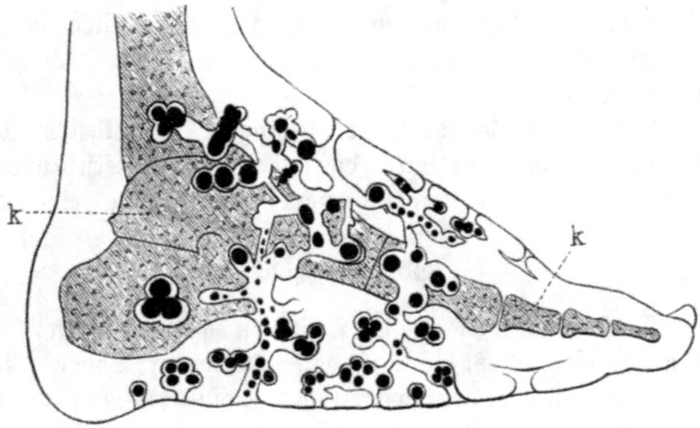

Fig. 60. Madura-Fuß. (Nach Aitken.)
k Fußknochen. Die schwarzen Kugeln und Flecke sind Pilzmassen.

Der Erbgrind
(Favus)

ist eine der interessantesten Pilzkrankheiten. Der Pilz, nach dem Entdecker desselben Achorion Schönleinii genannt, bildet im ausgebildeten Zustande etwa pfennigstückgroße gelbliche in der Mitte etwas vertiefte rundliche Scheiben, nach deren Entfernung eine flache Vertiefung in der Haut zurückbleibt; das schüsselförmige Scheibchen ist in der Mitte von einem Haare durchbohrt. Die Entwicklung des Pilzes beginnt am Haare. Die Pilzmassen haben einen eigentümlichen moderigen Geruch.

Der Pilz entwickelt sich sowohl an den behaarten, wie unbehaarten Hautabschnitten, wie auch an den Nägeln. Zahlreiche solche Pilzschüsselchen können zusammenfließen und dadurch größere Massen entstehen.

An den behaarten Teilen werden infolge der Pilzwucherung die Haare glanzlos, wie bestäubt, trocken, sie sind leicht auszuziehen, da der Pilz in die Haarwurzeln eindringt und die Haarfollikel verödet. Die Pilzwucherung dauert, wenn kein ärztlicher Eingriff geschieht, viele Jahre lang und kommt erst zum Stillstande, wenn der ganze Kopf kahl ist, weil dann keine Haarfollikel mehr vorhanden sind, in denen der Pilz sich festsetzen könnte.

An der übrigen Körperhaut kommt es zu denselben Pilzbildungen, wie am behaarten Kopfe; die Pilzwucherung geht von den feineren Härchen aus.

Der Erbgrind findet sich meistens bei jugendlichen Personen; er war früher, wie es scheint, weit häufiger als jetzt; in Frankreich scheint er auch jetzt noch ungemein verbreitet zu sein.

Der Erbgrind ist eine ansteckende Pilzkrankheit; nicht bloß zufällige Übertragung ist beobachtet, sondern es ist auch gelungen, absichtlich durch Überpflanzung des Pilzes auf Gesunde den Erbgrind zu erzeugen.

Der Erbgrind findet sich auch bei Katzen, Hunden, Kaninchen, Ratten, Mäusen und Hühnern.

Am häufigsten entsteht der Erbgrind durch Ansteckung von anderen Menschen, aber es sind auch Fälle unzweifelhaft sicher gestellt, in welchen Menschen von Tieren angesteckt wurden, zum Teile hat man absichtlich solche Ansteckung herbeigeführt.

Bei Mäusen kommt der Erbgrind ungewöhnlich verbreitet vor. Ich habe hier aus einem Hause mehrere damit behaftete Mäuse bekommen; eben so aus anderen Häusern einzelne. Simon hat im Hamburger Werk- und Armenhause mehr als 40 mit Erbgrind behaftete Mäuse erhalten; davon waren 16 in einem und demselben Saale gefangen; Simon beobachtete das allmähliche Verschwinden der Krankheit in dem einen Raume, während in anderen Teilen des Hauses die Erkrankung stärker auftrat.

Bei Mäusen werden durch den Erbgrind ganz enorme Zerstörungen bewirkt. Die Mäuse, welche ich erhalten hatte, waren alle blind oder fast erblindet, so daß sie am hellen Tage gegriffen werden konnten, da sie ihre Löcher nicht finden konnten. In ausgedehnter Weise fanden sich bei ihnen besonders Kopf und Hals mit Pilzmassen besetzt.

Die Beobachtung von Erbgrind-Seuche bei den Mäusen ist natürlich von großer Wichtigkeit, da sich leicht verstehen läßt, wie von ihnen aus durch Vermittelung der Katzen, bei dem üblichen intimen Umgange mancher Personen mit denselben die Krankheit auf Menschen übertragen werden kann.

Wenn Erbgrind bei Menschen auftritt, bei welchen eine Übertragung von einem anderen damit behafteten Menschen oder Tiere nicht nachweisbar ist, so müßte an eine Ansiedlung von Pilzsporen der außerhalb in der freien Natur vorauszusetzenden und von einzelnen angeblich sicher nachgewiesenen Pilzform gedacht werden; die gewöhnlichen Schimmelpilze wurden von einigen als diese Form angenommen; doch ist diese Annahme durchaus noch zweifelhaft.

Auf die übrigen durch Pilze bedingten Hautkrankheiten einzugehen, muß ich verzichten; der Erbgrind möge als Beispiel genügen.

Die Spaltpilze (Bakterien, Mikrococcen, Schizomyceten) aber verdienen noch eine kurze Besprechung, da sie in neuerer Zeit eine große Bedeutung in der Lehre von den sogenannten Infektionskrankheiten erlangt haben.

Von jeher hatte sich Ärzten wie Laien für eine Reihe ansteckender Krankheiten die Vorstellung aufgedrängt, es möchten belebte Wesen die Ursache derselben sein. Eigentümliche Erscheinungen im ganzen Verhalten dieser Krankheiten boten besondere Stütze dieser Anschauung. Als man nun lebende Wesen als Ursache solcher Krankheiten erkannte, gewann diese Anschauung bedeutend an Boden. Von solchen Thatsachen nenne ich nur die Entdeckung der Krätzmilben bei der Krätze, und den Nachweis, daß die seuchenartige Erkrankung der Seidenraupen, die Muskardine, von einem Pilze, Botrytis bassiana, abhängig sei.

Der Milzbrand war die erste derartige auch beim Menschen vorkommende Krankheit, bei welcher wirklich feinste Organismen aufgefunden wurden. Pollender, dann Brauell wiesen im Blute milzbrandkranker Tiere eigentümliche stäbchenförmige Körperchen, sogenannte Bakteridien, nach; die Untersuchungen Davaines aber brachten zur allgemeinen Anerkennung, daß an die Anwesenheit dieser Organismen die Krankheit gebunden sei.

Dann zeigte die epochemachende Entdeckung der Trichinenkrankheit durch Zenker, daß sogar höher organisierte Schmarotzer die Ursache einer Krankheit sein können, welche so vollkommen unter dem Bilde einer hitzigen Infektionskrankheit verläuft, daß sie bis dahin immer für solche gehalten wurde; so war Zenkers berühmter Fall selbst für einen Fall von Nervenfieber gehalten worden.

In rascher Folge wurden nun bei einer ganzen Reihe der ansteckenden Krankheiten solche niedere pflanzliche Organismen nachgewiesen. So besonders für den Rückfalltyphus, für die bei Verwundeten und Wöchnerinnen so häufig auftretende Wundkrankheit, die sogenannte Pyämie, für die Entzündung der Herzklappen; bei diesen Krankheiten kann die Anwesenheit von Bakterien nicht mehr bezweifelt und ein bestimmter Zusammenhang zwischen ihnen und den ersteren nicht mehr geleugnet werden; für eine andere Reihe von Krankheiten ist die Anwesenheit solcher Organismen noch nicht allgemein anerkannt. Wieder für eine andere Reihe darf man nur vermuten, daß es sich bei ihnen ähnlich verhalten werde; der Nachweis aber der niederen Organismen steht noch aus.

Aber auch bei den Krankheiten, bei denen eine bestimmte Beziehung zwischen ihnen und niederen Organismen unzweifelhaft ist, sind noch viele Fragen trotz der rastlosesten Arbeit zahlreicher Forscher ungelöst. Der hervorragendste Vertreter der Lehre, daß die Infektionskrankheiten von niederen Organismen abhängig sind, ist Professor Klebs in Prag, der mit immer neuen Methoden unermüdlich die Schwierigkeiten zu bewältigen trachtet und höchst wertvolle Thatsachen zu Tage gefördert hat; aber auch den Gegnern dieser Lehre ist die Anerkennung nicht zu versagen; unter ihnen zwingt besonders Arnold Hiller durch scharfsinnige Kritik und Aufdeckung jeder Lücke in der Beweisführung zu immer neuer Arbeit. Gerade der heftige wissenschaftliche Streit über diese für das Menschengeschlecht hochwichtigen Fragen, welcher mit äußerster persönlicher Aufopferung und Aufwand aller Hilfsmittel der modernen Forschung geführt wird, zeigt wie grundlos die schweren Schmähungen und Beschuldigungen sind, welche von mancher Seite gegen die jetzige Naturforschung geschleudert werden; gerade dieser Kampf zeigt, daß die Wahrheit um ihrer selbst willen gesucht wird; er zeigt, daß jedes Ergebnis der Forschung einer strengen Prüfung auf seine Wahrheit von anderen Forschern unterworfen und, wenn es solche nicht besteht, verworfen wird.

Hierin liegt die Berechtigung der freien Forschung und der Schutz gegen den Mißbrauch dieses hohen Gutes.

Die Schmarotzer der Wiederkäuer

mögen im Zusammenhange besprochen werden, da sie teils dieselben, teils sich sehr nahestehende Schmarotzer beherbergen. Allen gemeinsam ist vor allem

der große Leberegel

(Distomum hepaticum),

der aber auch beim Menschen, Pferde, Esel, Elefanten, Schweine, Kaninchen, Hasen und Meerschweinchen sich findet.

Der große Leberegel bewohnt die Gallengänge in der Leber und die Gallenblase; seltener findet er sich einzeln, meist in großer Zahl. Er bedingt eine Krankheit, die Leberfäule, an welcher sehr zahlreiche Schafe und Kälber zu Grunde gehen; auch bei den anderen genannten Wirten kann er zur Todesursache werden.

Der große Leberegel ist blattförmig, der Kopf kegelförmig; er ist bis 40 mm lang und bis 12 mm breit; jedoch findet man ihn häufig kleiner, da die Wohntiere oft zu Grunde gehen, bevor die Schmarotzer ihre volle Größe erreicht haben. Am kegelförmigen Kopfe sitzt der Kopfsaugnapf, in welchem die Mundöffnung sich findet; etwas weiter nach hinten steht ein zweiter größerer, der Bauchsaugnapf. Die Eier, deren der große Leberegel mehr als 40000 enthält, sind sehr groß, im reifen Zustande dunkelbraun gefärbt. Die Eier gehen durch die Gallenwege und den Darm ab; es entwickeln sich in ihnen nach längerem Liegen an feuchtem Platze Embryonen, welche mit einem Wimperkleide versehen im Wasser umherschwimmen. So weit ist die Entwicklung erst bekannt. Aus der Entwicklungsgeschichte anderer Egel wissen wir, daß der Embryo in ein geeignetes, wahrscheinlich im Wasser lebendes Wohntier eindringt, sein Wimperkleid verliert und zu einem seinen Eltern völlig unähnlichen Geschöpfe heranwächst, welches zu einem Keim- oder Cercarienschlauch sich umwandelt; es entsteht nämlich in ihm eine Tochterbrut, sogenannte Cercarien. Die Brut durchbricht die Wand des Keimschlauches und schwimmt mit Hilfe eines Ruderschwanzes im Wasser umher, bis sie ein geeignetes Wassertier findet, in welches sie eindringen kann; dabei geht ihr Ruderschwanz, dessen sie nicht mehr bedarf, verloren. In dem neuen Wirte kapseln die Jungen sich ein und bleiben lange Zeit lebensfähig doch unentwickelt liegen, bis sie in einem neuen Wirte, in den sie aus der Nahrung aufgenommen wurden, die Bedingungen zu ihrer vollen Entwicklung finden.

Unsere Wiederkäuer nehmen also an feuchten Orten mit der Nahrung die Cercarien enthaltenden Zwischenwirte auf, es mögen das besonders Schnecken und andere niedere Wassertiere sein; die letzteren werden verdaut, die Cercarien frei und begeben sich nach dem Zwölffingerdarme und von da nach den Gallenwegen, wo sie in etwa drei Wochen völlig heranwachsen. Sie dringen in die Gallengänge vor, erweitern dieselben ganz außerordentlich teils durch ihren Körper selbst, teils dadurch, daß sie beim Vordringen den Gang verschließen, wodurch Gallenstauung und Erweiterung des Ganges erfolgt; sind sie in geringer Zahl vorhanden, so bedingen sie meist keine schweren Gesundheitsstörungen, in größerer Zahl dagegen erzeugen sie schwere Erkrankung. Die Würmer wirken vor allem reizend auf die Gallengangsschleimhaut; weiterhin werden die Gallengänge bis in ihre feinen Verzweigungen zu dicken Wülsten aufgetrieben; die äußersten Erweiterungen zeigen sich als blasenartige Erhebungen der Leberkapsel. Der Druck der erweiterten Gänge sowie die gestaute Galle verursachen einen Schwund der Leberzellen; die Tiere werden gelbsüchtig, blutarm, wassersüchtig und gehen endlich an hochgradiger Abzehrung zu Grunde.

Beim Menschen und bei kleineren Tieren hat man schlimmere Folgen auch schon durch einzelne Leberegel eintreten sehen.

Die Zahl der Leberegel in einem Tiere ist oft sehr groß; mehrere hunderte sah ich in einer Kalbsleber, eben so bis zu dreihundert in einer Schafleber; bisweilen finden sich daneben unzählige Exemplare des gleich zu erwähnenden lanzettförmigen Egels. Meist findet sich neben den Tieren in den Gallenwegen eine braune oder rostfarbene bisweilen wie dunkles Blut aussehende dickliche Flüssigkeit; mikroskopisch findet man ihre Farbe durch die Anwesenheit zahlloser braun gefärbter Eier der Egel bedingt.

Die Brut der Leberegel wird im Sommer und bis in den Spätherbst aufgenommen. Bei einem Rehe, das in der ersten Januarwoche eingegangen war, fanden sich noch junge unentwickelte Leberegel in großer Menge; da die Entwicklung bis zur Geschlechtsreife nach Zürn drei Wochen dauert, so mußte das Tier um Weihnachten die Brut aufgenommen haben.

Die Verluste, welche die Leberegel der Landwirtschaft zufügen, sind in einzelnen Jahren ganz enorme. Nach Cobbold gingen in England 1830—31 ein bis zwei Millionen Schafe daran zu Grunde. Dutzende von Landwirten haben in einzelnen Jahren 300—800 Schafe verloren und manche Landwirte wurden durch fortgesetzte Verluste an den Bettelstab gebracht. Nach Davaine gingen 1812 allein in der Umgegend von Arles nicht weniger als 300000 Schafe daran ein, zu Nimes und Montpellier 90000; in den inneren Departements von Frankreich verloren 1853—54 manche Viehzüchter ein Viertel, ein Drittel, ja sogar drei Viertel ihrer Rinderherden.

Eben so große Verluste haben in Deutschland viele Landwirte besonders in nassen Jahren zu beklagen.

Um so wichtiger erscheint es, durch Vorbeugungsmaßregeln dem Übel Abbruch zu thun. Leider aber sind wir noch weit entfernt mit Sicherheit solche angeben zu können.

Da die Entwicklung der Leberegel an das Wasser gebunden ist, so muß hieran die Vorbeuge anknüpfen; doch dürfte es schwer sein, die Tiere ganz vor ihnen zu schützen.

Es wäre vor allem die Aufgabe, feuchte sumpfige Weide zu meiden, oder durch Drainierung trockner zu legen. Mit Leberegeln behaftete Tiere möglichst früh zu töten, um sie abzuhalten, auf der Weide die unzähligen Eier auszustreuen. Die Leber muß natürlich vernichtet werden.

Von den Tierärzten werden aus arzneilichen Stoffen zusammengesetzte sogenannte „Lecken" empfohlen; doch ist auch auf solche wenig Hoffnung zu setzen.

Ich möchte besonders eine Hegung und Schonung aller Geschöpfe dringend empfehlen, welche Würmer, Schnecken und niedere Wassertiere überhaupt zu ihrer Nahrung verwenden; besonders wären Enten, Schnepfen, Kibitze und ähnliche sorgfältig zu hegen, das Sammeln der Eier strengstens zu unterdrücken; dann wäre das Halten großer Entenherden in Gegenden, welche besonders an der Egelseuche leiden, sicherlich eine wirksame Maßregel; durch die Enten würden die niederen Tiere, welche die Egelbrut beherbergen, ausgerottet oder doch stark vermindert. In Form von Fleisch und Eiern würden die Enten diese Feinde der Landwirte an ihre Herren abliefern.

Bei Stallfütterung wird die Ansteckung mit der Leberegelbrut seltener und nur dann stattfinden, wenn Futter von sumpfigen Wiesen verfüttert wird, an welchem die Zwischenwirte der jungen Brut sich finden können.

Für reines Trinkwasser ist an den Stellen, wo die Tiere weiden, zu sorgen; durch Einhegung sind sie von Löchern, Tümpeln und andern stehenden Gewässern zurückzuhalten.

Der kleine oder lanzettförmige Leberegel

(Distomum lanceolatum)

kommt unter ganz denselben Bedingungen vor, wie der große Leberegel; entweder findet er sich allein oder mit diesem zusammen bei demselben Tiere; bis zu tausend Exemplare sind nicht selten vorhanden. Dieser Schmarotzer hat die Form eines Myrtenblattes, ist bis 8 mm lang, bis 2½ mm breit. Gewöhnlich zeigt er sich gelbbräunlich gefärbt durch die zahlreichen Eier, die je näher der Reife um so dunkler gefärbt sind. Sie sind nur etwa ein Drittel so groß, wie die Eier des großen Egels.

Es gilt für ihn im allgemeinen, was beim vorigen gesagt ist.

Eben so wie die beiden Leberegel sind zwei andere Schmarotzer allen Wiederkäuern gemeinsam und bedingen sehr zahlreiche Verluste:

Der Hülsenwurm (Echinococcus), die Finne des dreigliedrigen Hundebandwurmes und

der Drehwurm (Coenurus cerebralis) die Finne des Quesenbandwurmes der Hunde.

Von ersterem ist eingehend bei den Schmarotzern des Menschen gehandelt (S. 56), letzterem aber müssen wir eine ausführlichere Besprechung widmen.

Der Quesenbandwurm
(Taenia coenurus),

lebt im Darme der Hunde, wird bis etwa ½ Meter lang, hat einen mit einem doppelten Hakenkranz bewaffneten Kopf; der Fruchthalter hat etwa 20 einfache Seitenzweige.

Der Bandwurm selbst ist von keiner Bedeutung, von desto größerer aber seine Finne, die als

Drehwurm, Hirnquese
(Coenurus cerebralis)

den Landwirten ein übelberufener Bekannter ist. Der Drehwurm oder Quese (Fig. 61) ist ein runder bis hühnereigroßer Blasenwurm; die dünnwandige Blase ist an ihrer Innenfläche mit zahlreichen Bandwurmköpfchen besetzt; ihre Zahl steigt oft auf 500 Stück. Die Quese hat ihren Sitz im Gehirne, selten im Rückenmarke der Wiederkäuer; sie bewirkt die sogenannte Drehkrankheit.

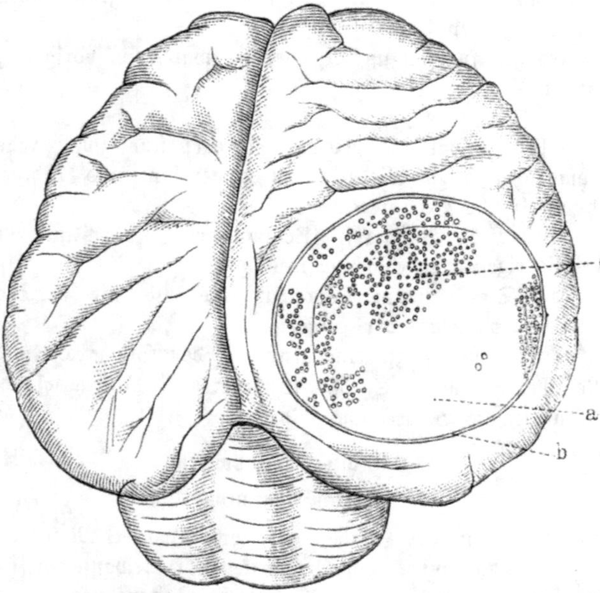

Fig. 61. Schafgehirn mit einem Drehwurm (Coenurus cerebralis) (Lebert). a Finnenblase, b Blasenwand, c zahlreiche Bandwurmköpfchen an der Innenwand sitzend.

Aus sehr zahlreichen Versuchen verschiedener Forscher kennen wir genau die Entwicklungsgeschichte des Drehwurms. Gibt man Lämmern Eier des Quesenbandwurmes zu verschlucken, so werden die in den Eiern eingeschlossenen Embryonen frei, da die feste Eischale vom sauren Magensafte gelöst wird. Die Embryonen gelangen wahrscheinlich in

Blutgefäße und werden mit dem Blute nach den verschiedensten Teilen gebracht; in keinem Teile aber als im Hirne und Rückenmarke finden sie die für ihre Entwicklung nötigen Bedingungen, gehen daher an andern Orten zu Grunde; im Hirne und seltner im Rückenmarke aber wachsen sie allmählich heran und bedingen eine Reihe von Erscheinungen, welche in bestimmter Weise verlaufend schließlich unter Entkräftung zum Tode führen.

Die eingeführte Bandwurmbrut erregt im Gehirne eine entzündliche Reizung, welche 11—18 Tage nach der Einfuhr der Eier in den Magen zuerst bestimmte Erscheinungen erkennen läßt; diese Erscheinungen, von den Schäfern „Kollern" genannt, treten anfallweise auf; sie bestehen in Trägheit, Mattigkeit; die Tiere tragen den Kopf gesenkt, seitwärts gebogen oder auch nach oben gekehrt; sodann drängen die kranken Tiere nach vorwärts, oder sie zeigen den sogenannten Reitbahngang oder endlich sie drehen sich um eines der festgestellten Glieder. Häufig verdrehen sie zugleich die Augen, knirschen mit den Zähnen, schäumen in den Anfällen u. dgl. mehr. Nach 8—10 Tagen nehmen alle diese Erscheinungen ab, um fast völlig oder ganz zu verschwinden, da dann die Wanderung des Embryo und damit die stärkste Reizung zu Ende gekommen ist; die Blasenwürmer wachsen aber nun im Gehirne meist ruhig fort, bis sie eine bedeutendere Größe erreicht haben, um von neuem Erscheinungen hervorzurufen; dies ist etwa nach 4—6 Monaten der Fall. Die volle Drehkrankeit bricht nun aus; neben allgemeinen Störungen der Hirnthätigkeit zeigen sich besonders auffallende Zwangsbewegungen verschiedener Art, je nach dem Sitze des Schmarotzers im Gehirne. Die eigentlichen „Dreher" drehen sich um einen fest an den Boden gestemmten oder eingebohrten Fuß. Andere zeigen den sogenannten Reitbahngang, indem sie andauernd nach rechts

9*

oder nach links, seltner abwechselnd nach beiden Seiten in einem größeren Kreise gehen. Die sogenannten „Traber“ laufen mit tiefgesenktem Kopfe und eigentümlich gehobenen Beinen gerade aus. Wieder andere die sogenannten „Taumler“ können das Gleichgewicht nicht erhalten, zeigen unsicheren Gang, fallen oft hin. Die sogenannten „Segler“ drängen mit hoch gehobenem oder auch stark nach dem Rücken gebogenem Kopfe rasch vorwärts, stolpern häufig, fallen zu Boden oder überschlagen sich nach rückwärts.

Drehbewegungen um die Längsachse des Körpers bei Hingestürzten finden sich selten.

Bisweilen kommen bei demselben Tiere die verschiedenen abnormen Bewegungen vor.

Jeder besondern Form der Bewegung entspricht ein Schmarotzer in einem bestimmten Gehirnteile; bei gemischten Bewegungen finden sich meist mehrere Schmarotzer an verschiedenen Stellen.

Futteraufnahme wird fast unmöglich, hochgradige Abmagerung ist die Folge davon, der die behafteten Tiere in einigen Wochen erliegen.

Die von dem Drehwurme befallenen Tiere können geheilt werden, wenn durch eine Operation die Quese aus dem Gehirne entfernt wird; verschiedene Methoden werden von den Tierärzten hierzu angewandt.

Wichtiger als die Behandlung, der man doch nur wertvollere Tieren unterwerfen wird, sind die Vorbeugungsmaßregeln. Da der Drehwurm von Schafen nur erworben wird, wenn sie reife aus dem Darme der Hunde abgegangene Eier des Quesenbandwurmes in ihre Verdauungswege bringen, so ist die Aufgabe, die Schafe davor zu schützen.

Dies geschieht erstens, indem man die Hunde von dem Quesenbandwurme freihält. Die Hunde bekommen ihn, wenn sie den Drehwurm der Schafe verschlingen; solche Drehwürmer sind deshalb nicht, wie gewöhnlich geschieht, beim Schlachten den Hunden vorzuwerfen, sondern müssen vernichtet werden, am besten, indem man sie ins Feuer wirft, oder auch durch tiefes Vergraben.

Zweitens sind die Hunde von ihren Schmarotzern durch geeignete Arzneimittel zu befreien; die verschiedensten Bandwurmmittel sind dazu geeignet. Jedes Frühjahr sollten sie einer energischen Bandwurmkur unterworfen werden.

Vor allem aber sind unnötige Hunde abzuschaffen; die Zahl derselben ist noch immer viel zu groß. Von Staats- und Gemeinde wegen sollte durch hohe Hundesteuer auf ihre Verminderung hingewirkt werden.

Bei den enormen Verlusten, welche den Landwirten durch den Drehwurm in ihren Schafherden zugefügt werden, dürften solche Maßregeln sicher berechtigt sein.

Eine weitere Finne, welche allen Wiederkäuern gemeinsam zukommt, ist der

dünnhalsige Blasenwurm

(Cysticercus tenuicollis).

Er hat seinen Sitz am Bauchfelle, seltener am Rippenfelle der Wiederkäuer, früher wurde er auch als Schmarotzer des Menschen angeführt; doch sind jetzt die Fälle teils als unrichtig, teils für mehr als zweifelhaft erkannt; es handelte sich meist um Hülsenwürmer.

Der dünnhalsige Blasenwurm ist die Finne des geränderten Bandwurms (Taenia marginata), welcher im Darme der Hunde und Wölfe lebt. Die Finne findet sich meist in einzelnen Exemplaren, bisweilen aber in zahlreichen bis zu 80 Stück in demselben Wohntiere; sie bedingt in geringer Zahl anwesend meist keine Störungen, in größerer Zahl aber erregt sie schon durch ihre Einwanderung eine schwere Krankheit, wie besonders Leiserings Untersuchung eines von Küchenmeister mit den Eiern des geränderten Bandwurms gefütterten Lämmchens gezeigt hat; das Tier war bald nach derselben zu Grunde gegangen, noch ehe sich eigentliche Entzündung entwickelt hatte; hunderte von Exemplaren der jungen Brut fanden sich allenthalben in den Pfortaderästen der Leber. In anderen Versuchen Küchenmeisters hatte die Invasion der Schmarotzer heftige Unterleibsentzündung erregt.

Die jungen Embryonen sind zur Zeit der Invasion noch so klein, daß sie nur mit Hilfe von Vergrößerungsgläsern und bei Vertrautheit mit derartigen Untersuchungen erkannt werden können, so mögen gar manche Lämmer, Schafe, Kälber und Schweine — auch bei letzteren kommt die Finne vor — zu Grunde gehen, ohne daß die Todesursache erkannt wird. Der geränderte Bandwurm ist ein so häufiges Vorkommen bei den Hunden, daß die Möglichkeit der Ansteckung der Haussäugetiere mit seiner Brut als eine hohe bezeichnet werden muß. Die Verluste der Landwirtschaft auch durch diesen Schmarotzer dürften somit höher sein, als sich bis jetzt übersehen läßt. Auch hier haben deshalb die dringenden Aufforderungen zu Maßregeln, durch welche die Zahl der Hunde eine Verminderung erfährt, genügende Begründung.

So lange dies aber nicht erreicht ist, sind die Vorbeugemaßregeln des einzelnen Landwirts von größter Wichtigkeit, wie sie bei den Hundebandwürmern wiederholt hervorgehoben werden: Vertilgung aller Wasserblasen in Schlachttieren, um die Hunde vor dem Verzehren derselben und Bandwurm-Erwerb zu schützen, eine Bandwurmkur ist jedes Frühjahr bei den Hunden vorzunehmen.

Von den Finnen des feisten Menschenbandwurms als Schmarotzer der Wiederkäuer findet sich das Nötige bei dem genannten Bandwurme (S. 49).

Die Bandwürmer der Wiederkäuer haben keine große Bedeutung, sollen deshalb keine weitere Berücksichtigung hier finden.

Sehr wichtig und von großer praktischer Bedeutung sind einige Rundwürmer der Wiederkäuer. Vor allem der fadenförmige Pallisadenwurm der Schafe und der kurzschwänzige Pallisadenwurm der Rinder. Beide sind Luftröhrenwürmer.

Der fadenförmige Pallisadenwurm
(Strongylus filaria)

findet sich oft in unglaublicher Zahl in der Luftröhre und den Bronchien der Schafe; er erzeugt heftigen Katarrh mit Schleimabsonderung; der Verlauf der Krankheit ist weiterhin gewöhnlich ein schleichender; die Tiere magern trotz reicher Futteraufnahme stark ab, da ihre Atmungsfähigkeit in hohem Maße beeinträchtigt ist; endlich gehen sie an Abzehrung und Erschöpfung zu Grunde; meist findet man in den Lungen dann einige derbere graulichrote oder gelbliche Entzündungsherde, in deren Mitte Schmarotzer mit ihrer Brut stecken. In manchen Fällen führt der Schmarotzer rascher den Tod herbei, indem sehr zahlreiche Entzündungsherde entstehen, die zusammenfließen; die Tiere gehen an der Lungenentzündung zu Grunde.

Die Schmarotzer selbst sind lange weiße oder gelblichweiße dünne Würmer, das Männchen 25 mm, das Weibchen bis 80 mm lang; letzteres bringt lebende Junge zur Welt; in dem Schleime der Luftwege, in dem die Würmer eingehüllt liegen, wimmelt es meist von unzähligen feinsten jungen Würmchen. Diese werden mit den alten Würmern und dem Schleime ausgehustet. Im Freien und zwar an feuchten Orten führen sie kürzere Zeit ein freies Leben, gelangen dann wahrscheinlich in niedere Tiere, die ihnen als

Zwischenwirte dienen; mit ihnen werden sie dann zufällig von den Lämmern beim Fressen aufgenommen, gelangen in die Luftwege und erreichen da ihre volle Größe und Entwicklung.

Die Vorbeugemaßregeln gegen die Luftröhrenwürmer sind ähnliche, wie bei den Leberegeln, da ihre Entwicklung wie bei diesen an Feuchtigkeit und Wasser geknüpft ist.

Der kurzschwänzige Luftröhrenwurm

(Strongylus micrurus)

bedingt ähnliche Erscheinungen bei den Kälbern, wie der vorhergehende bei Schafen; auch er verursacht große Verluste bei massenhaftem Auftreten. Cobbold hat mit der Brut derselben Entwicklungsversuche angestellt, und hält darnach den Regenwurm für den wahrscheinlichsten Zwischenwirt dieses Schmarotzers.

Sehr zahlreich sind die Schmarotzer der Wiederkäuer aus der Klasse der Insekten wie der Spinnentiere (Arachniden); sie sind meist ungemein verbreitet und fügen der Landwirtschaft sehr erheblichen Schaden zu.

Hierher gehören Dasselfliegen und Bremsen, deren Larven in inneren und äußeren Theilen schmarotzen, die Kolumbaczer Fliege, die in Ungarn so großen Schaden den Rinderherden zufügt, die Tsetsefliege (Glossina morsitans), welche viele Teile Afrikas für die Viehzucht ungeeignet macht und viele andere.

Unter den Arachniden spielen die Krätzmilben eine wichtige Rolle. So soll in vielen Teilen Deutschlands die Schafräude (durch eine Räudemilbe bedingt) in enormer Ausbreitung herrschen, in Schleswig-Holstein soll weitaus der größte Teil der Schafherden mehr oder weniger damit behaftet sein; wie enorm die Verbreitung ist, beweist der Verbrauch an Arsenik, dem wirksamsten Mittel gegen die Räudemilben: allein 1875—76 wurden 3416 kg Arsenik in der Provinz Schleswig-Holstein zu diesem Zwecke verwendet.

Da bei der menschlichen Krätze bereits die Naturgeschichte der Krätzmilben ausführlicher beschrieben ist (S. 101), so darf ich hier nicht weiter darauf eingehen; es ist jedoch zu bemerken, daß manche Unterschiede in der Entwicklung und Lebensweise gerade der Räudemilben bestehen. Man scheidet sie in 1. Grabmilben (Sarkoptes), bohren Gänge in der Haut, leben in der dort angegebenen Weise; sie gehen von Tieren auf Menschen über und machen diese krätzig; 2. Saugmilben (Dermatokoptes), graben keine Gänge, stechen mit ihren Rüsseln in die Haut und leben vom Blute; 3. Hautschuppen fressende Milben (Dermatophagus), leben nur von jungen Hautteilen; die beiden letzteren erzeugen auf Menschen übertragen keinen Ausschlag.

Die Schmarotzer des Schweines.

Jedermann erwartet sicherlich, daß das Schwein seinen unreinlichen Neigungen zufolge mit weit zahlreicheren Schmarotzerarten gesegnet sein würde, als irgend ein anderes Haustier, namentlich als das reinliche Pferd und als das Rind; dem ist jedoch nicht so. Denn während im Schweine 18 Binnenschmarotzer gefunden sind, beträgt ihre Zahl bei jenen beiden anderen Haustieren je 23 und eben so ist die Zahl der äußeren Schmarotzer des Schweines nur klein.

Von den Binnenschmarotzern ist der wichtigste, die Trichine, beim Menschen ausführlich besprochen, eben so die für den Menschen wichtige Zellgewebsfinne (Cysticercus cellulosae). Spulwurm, Peitschenwurm und Echinococcus hat es mit dem Menschen gemeinsam, die dünnhalsige Finne, die großen und kleinen Leberegel mit dem Rinde.

Eigentümlicher Weise besitzt das Schwein keinen Bandwurm.

Nur wenige ihm eigentümliche bleiben übrig, die der Besprechung wert sind.

Ein Luftröhrenwurm schmarotzt beim Schweine,

der seltsame Pallisadenwurm

(Strongylus paradoxus).

Das Männchen ist bis 20 mm lang, das Weibchen bis 40 mm, es bringt lebende Junge zur Welt. Außer etwas Husten zeigen damit in geringerem Grade behaftete Tiere keine Störungen, sie gedeihen vollkommen und lassen sich mästen; bei jüngeren Tieren sieht man bisweilen sehr zahlreiche Würmer in ähnlicher Weise schwere Krankheit und den Tod herbeiführen, wie der fadenförmige Luftröhrenwurm bei Schafen.

Für die Entwicklung gilt dasselbe, wie beim Luftröhrenwurm des Schafes.

Ein zweiter Rundwurm Stefanurus dentatus verdient seiner außerodentlichen Verbreitung wegen eine kurze Erwähnung. Derselbe findet sich in Nord- und Südamerika, wie in Australien anscheinend ungemein häufig in Schweinen und zwar vorwiegend im Fettgewebe der Nierenkapsel, bisweilen auch in anderen Teilen, so in der Milz; er liegt in Gängen eingekapselt, immer Männchen und Weibchen beisammen; die Eier sind sehr groß.

In Amerika beschuldigt man den Wurm Ursache der sogenannten Schweine-Cholera zu sein, in Australien führt man eine ähnliche Krankheit auf ihn zurück, mit welchem Rechte steht noch dahin. Er kommt ganz ungemein häufig vor; so heißt es in dem Berichte des Board of Health (Gesundheitsrat) von St. Louis, daß der Wurm nahezu in jedem Schweine gefunden wurde.

Bei dem regen internationalen Verkehre ist es nur eine Frage der Zeit, wann wir auch in Europa den Schmarotzer haben werden, falls er nicht längst bei uns ist.

Ein sehr schlimmer Gast des Schweines ist der

Riesenkratzer
(Echinorrhynchus gigas).

Er haust im Dünndarme, in dessen Wand er seinen furchtbaren mit scharfen Widerhaken bewehrten Rüssel so tief einsenkt, daß bisweilen die ganze Darmwand durchbrochen wird. Häufig sieht man an der Stelle, an welcher innen der Schmarotzer sitzt, eine geschwulstartige Verdickung sich erheben. Die Zahl der Kratzer in demselben Darme ist oft so groß, und der Darm dadurch an so viel Stellen verdünnt oder durchbohrt, daß er nicht zu Bratwürsten verwandt werden kann.

Der männliche Wurm ist bis 90 mm lang, das Weibchen über 400 mm lang, er ist walzenförmig, nach hinten allmählich verdünnt, sein Kopf besitzt einen einziehbaren Rüssel, der mit sechs Reihen scharfer rückwärts gerichteter Stacheln besetzt ist.

Die Würmer sind ohne Mund und Darmkanal, sie nehmen ihre Nahrung aus den umgebenden Säften durch die ganze Oberfläche auf.

Durch Professor Schneider in Gießen wissen wir, daß der Riesenkratzer seine Jugend in den Engerlingen zubringt; die Eier, welche von den Schweinen mit dem Kote entleert werden, werden von den Engerlingen gefressen; die Embryonen werden durch Verdauung der Eischale im Magen frei, durchbohren mit Hilfe ihrer Stacheln den Darm und dringen in die Leibeshöhle der Engerlinge; dort entwickeln sie sich weiter und gelangen in dem Verdauungskanale der

Schweine zur vollen Entwicklung, wenn sie von denselben zugleich mit dem beherbergenden Engerlinge oder Maikäfer gefressen werden.

Die Krankheitserscheinungen, welche die Riesenkratzer beim Schweine hervorrufen, sind nicht völlig sicher. Nach einigen sollen diese sehr unruhig sein, abmagern, husten, sich zusammenkrümmen, bisweilen Krämpfe haben. Auch Bauchfellentzündung kann nicht ausbleiben, wenn der Darm wie mit groben Schroten durchschossen aussieht; kein Wunder, wenn mit diesem fürchterlichen Schmarotzer behaftete Schweine, wie Professor Verril sagt, immer schreiend und grunzend besonders am Morgen umhergehen, daß sie so mürrisch und griesgrämig sind, und ihre Genossen gerne beißen und anranzen.

Die Vorbeuge verlangt, wo Riesenkratzer häufiger auftreten, die Schweine in reinen Ställen zu halten, damit sie ihre Schmarotzer-Eier nicht im Freien aussäen, Vertilgung der Schmarotzer, wenn sie erkannt werden; strengste Verfolgung und Vernichtung der Maikäfer und ihrer Engerlinge ist überhaupt geboten.

Beim Menschen ist einmal ein Riesenkratzer im Darme gefunden. Da die Liebhaberei, Maikäfer zu verzehren, keine große Verbreitung hat, ist ein häufigeres Vorkommen nicht zu erwarten.

Die Schmarotzer des Pferdes.

Der edle Genosse des Menschen, der ihn über die ganze Erde begleitet, ist mit sehr zahlreichen Schmarotzern behaftet. Etwa ein Viertelhundert Binnenschmarotzer und eine große Schar äußere suchen ihm den Genuß des Daseins zu trüben; gewöhnlich sind die Schmarotzer in größerer Zahl vorhanden. So fand Mégnin in einem Pferde 200 Magenbremen, 153 Spulwürmer, über 400 Springwürmer, mehrere tausend

Pallisadenwürmer sowie zahlreiche Bandwürmer. Einige sind von ganz außerordentlicher Verbreitung.

Einige der wichtigsten nur wollen wir kurz besprechen.

Bewaffneter Pallisadenwurm
(Strongylus armatus).

Der bewaffnete Pallisadenwurm ist einer der wichtigsten Schmarotzer unserer Haustiere, da er die schwersten Verluste Pferdebesitzern zufügt.

Der Wurm ist von rötlicher Farbe, drehrund, nach hinten etwas schmäler, vorn kurz abgestutzt. Das Männchen mißt 20 bis 30 mm, das Weibchen bis 55 mm; der Kopf ist mit einer hornigen Mundkapsel versehen, die mit zahlreichen Zähnchen besetzt ist, mit deren Hilfe die Darmschleimhaut verletzt wird. Die reifen Würmer wohnen im Darme; ihre Eier gehen nach außen ab; es entwickeln sich im Freien an feuchten Orten rasch Junge in ihnen, welche auskriechen und eine Zeit lang freilebend ihrer Nahrung nachgehen. Sie gelangen dann wahrscheinlich in einem Zwischenwirte mit dem Wasser oder dem Futter von Pferden aufgenommen in den Magen und dringen vom Verdauungskanale aus auf noch unbekanntem Wege in die Schlagadern des Hinterleibes, besonders des Gekröses. Hier erregen sie durch ihre Anwesenheit entzündliche Prozesse, welche zu sackförmiger Erweiterung (Aneurysmen) der Schlagadern führen. In diesen Säcken entstehen dann Blutgerinnungen. In Folge davon kommt es zu Störungen in der Blutversorgung der Därme, welche als Kolik zur Erscheinung kommen. Nach Bollinger, dem wir eine vorzügliche Arbeit über diese Krankheit verdanken, kommen diese Schlagadergeschwülste durch Würmer bei 90 % aller erwachsenen Pferde vor, von 100 innerlich kranken Pferden leiden 40 daran, von 100 krepierten Pferden sind 40 daran zu Grunde gegangen.

Da die jungen Würmer sich an feuchten Orten oder im Wasser entwickeln, so gehört zu den ersten Vorbeugemaßregeln Versorgung der Tiere mit reinem Wasser, Fernhaltung von feuchten Plätzen — dann ist Zerstörung der Würmer eine unerläßliche Maßregel.

Amphistoma Collinsii.

Dieser Schmarotzer, der in enormer Zahl (bis zu tausend) im Dickdarme des Pferdes lebt, wurde erst neuerdings in Indien entdeckt. Die damit behafteten Pferde zeichnen sich dadurch aus, daß sie große Mengen Sand und Kies verschlingen, wahrscheinlich durch die abnormen Gefühle im Leibe veranlaßt; bis zu 14 ½ Pfund Sand fand man im Darme solcher Tiere.

Die Magenbremse des Pferdes,

Gastrus (Gastrophilus) equi.

Die große Magenbremse ist eine 11 mm lange Fliege, von rostgelber Farbe, Stirn und Rücken mit dichter bräunlich gelber Behaarung, welche vor den Flügeln in eine schwarze Binde übergeht; der Hinterleib wie die Beine dunkel wachsgelb. Die zwei etwas getrübten Flügel zeigen eine verwaschene dunkle Querbinde und zwei Flecken an der Spitze; sie zeigen keine Querader an der Spitze.

Das Weibchen sucht Pferde auf, setzt einige seiner klebrigen, weißen, später gelblichen, länglichrunden Eier an den Haaren fest; es legt deren etwa 700 Stück. Nach wenigen Tagen kriechen die Larven aus, indem sie an dem einen abgestumpften Ende ein Deckelchen abstoßen. Die Maden werden von den Pferden abgeleckt, da sie durch ihre Bewegung Kitzel verursachen, und verschluckt. Die Larven sind vorn mit zwei aus- und einziehbaren Wärzchen an der oberen und zwei querstehenden schwarzen Haken an der unteren Seite versehen, mit deren Hilfe sie sich an der Magenwand festhaken. Man findet ihrer bisweilen zwei- bis dreihundert beisammen; sie saugen an der Schleimhaut, erzeugen dadurch Grübchen, die nach und nach zu größeren Geschwüren werden; sie vernarben später, wenn die Larven entfernt sind. In zehn Monaten erreichen sie etwa ihre Reife, gehen durch den Darm ab, graben sich außerhalb in den Boden ein und wandeln sich in ein anfangs bräunliches, später schwarzes Tönnchen, die Puppe, um; nach vier bis sieben Wochen entwickelt sich darin die Fliege.

Daß die Anwesenheit dieser Schmarotzer keine gleichgültige Sache ist, leuchtet ein; nicht selten breiten sich die Geschwüre weiter in die Tiefe aus, es kommt zu lebhafter Entzündung und Eiterung, ja Blutungen können aus angegriffenen Blutgefäßen erfolgen, oder es wird sogar die ganze Magenwand durchbohrt, Mageninhalt dringt in die Bauchhöhle und bewirkt tödliche Bauchfellentzündung.

In manchen Fällen haken sich die Larven bereits im Schlunde fest, sie können dann Atmungsstörungen zur Folge haben.

Es scheint sehr schwer die Schmarotzer im Magen zu töten, da sie ungemein widerstandsfähig gegen Arzneimittel sind; ich habe einen Pferdemagen in der Sammlung des pathologischen Instituts in Erlangen in 96 % Alkohol aufgehängt; noch nach 36 Stunden zeigten die Larven ihre eigentümlichen Bewegungen. Es wird von Tierärzten der Versuch widerraten, Tötungsversuche anzustellen.

Folgende Abbildung, welche dem genannten Präparate in Erlangen ähnlich ist, zeigt ein Stück Pferdemagen mit zahlreichen solchen Larven besetzt; daneben finden sich die kleinen Geschwüre, welche von anderen Exemplaren verlassen waren (Fig. 62).

Fig. 62. Pferdemagen mit Bremsenlarven.

Bei den geringen Erfolgen von Abtreibungsversuchen ist die Vorbeuge um so wichtiger. Vor allem ist sehr sorgfältige Hautpflege der Pferde allenthalben nötig, wo die Magenbremse vorkommt; besonders müssen die Pferde öfters sorgfältig gewaschen, gestriegelt, gekämmt und gebürstet werden, damit die Eier wo möglich entfernt werden. Schutz und Hege der insektenfressenden Vögel wird sich lohnend erweisen.

Die Schmarotzer des Hundes und der Katze.

Bei dem innigen Verkehre, der leider meist zwischen diesen Tieren und ihren Herren oder Herrinnen besteht, sind deren Schmarotzer von besonderem Interesse. Die wichtigsten mußten wir bereits bei verschiedenen Gelegenheiten besprechen, nur einige verdienen, daß wir uns mit ihnen noch kurz beschäftigen.

Der Hunde- oder Katzenspulwurm (Ascaris mystax).

Hund und Katze sind von demselben Spulwurme bewohnt; doch teilen sie sich in ihn mit noch verschiedenen anderen zum Hunde- und Katzengeschlecht gehörigen Tieren; die angeblichen Unterschiede, welche bisweilen zwischen den Spulwürmern dieser verschiedenen Tiere sich zeigen, sind teils von Alter und Entwicklung abhängig, teils auch von dem sehr wechselnden Grade der Zusammenziehung der Schmarotzer.

Der Hundespulwurm ist weit kleiner als der menschliche, doch von kräftigerem gedrungenerem Baue und weit muskulöser. Das Männchen wird bis 60 mm lang, das Weibchen bis 100 mm. Gewöhnlich findet man die Tiere stark an beiden Enden eingerollt. Besonders ausgezeichnet ist dieser Spulwurm durch seinen geflügelten Kopf. Wie die beistehende Abbildung (Fig. 63) zeigt, trägt er auf dem Kopfstücke eine Art Schild, der mit zwei seitlichen Flügeln den Kopf jederseits überragt;

diese Flügel haben je nach dem Grade der Zusammenziehung und der Biegung des Kopfes eine etwas wechselnde Form; meist ist der Schild herzförmig, bisweilen aber auch lang-gezogen lanzett- oder myrtenblattförmig.

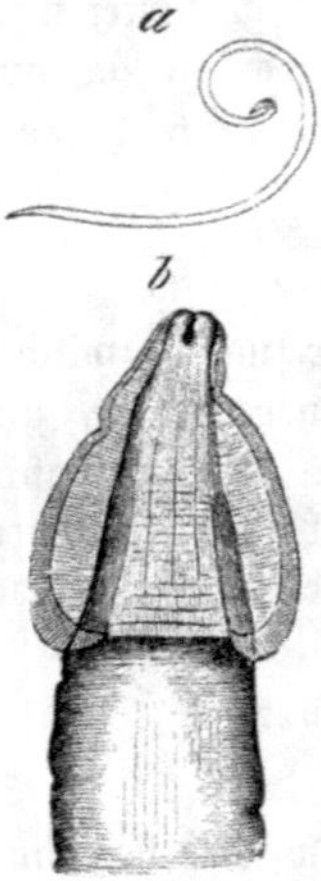

Fig. 63. Katzenspulwurm. a Natürliche Größe, b Kopf vergrößert mit den flügelartigen Fortsätzen.

Für die Entwicklung gilt das beim menschlichen Spulwurme Gesagte.

Der Hunde- oder Katzenspulwurm ist mehrfach auch beim Menschen gefunden; man hielt ihn zuerst für eine besondere Art, doch ist er unzweifelhaft identisch.

Dieser Spulwurm ist, wie es scheint, weit unangenehmer für den Wirt, als der menschliche. Man sieht sehr oft Hunde, besonders junge, unter den Zeichen heftiger Leibschmerzen ganze Knäuel dieser Würmer durch Erbrechen entleeren. Da die Hunde, wie schon Jesus Sirach wußte, ihr Erbrochenes wieder fressen, so kann man bisweilen ganz reinlich und blank solche Wurmknäuel liegen sehen, ohne irgend welche andere Beimengung; die Würmer wieder aufzunehmen wird von den Hunden verständiger Weise verschmäht. Gar manchesmal aber verursachen diese Spulwürmer schwerere Störungen; so kriechen sie besonders in die Luft-wege und können Erstickung zur Folge haben.

Der kürbiskernähnliche Bandwurm
(Taenia cucumerina s. elliptica).

Durch seine Entwicklung ist dieser zartgliedrige Bandwurm von Interesse. Sein Jugendzustand findet sich nämlich in der Hundelaus (Trichodectes canis); der Hund beherbergt also den Zwischenwirt seines Schmarotzers als Gast in seinem Pelze.

Wenige Hunde nur sind von diesem Bandwurme frei, weil die Gelegenheit den Jugendzustand des Bandwurmes aufzunehmen so nahe liegt, daß sie fast zum Zwange wird.

Auch beim Menschen ist der zierliche Bandwurm beobachtet; jedenfalls hatten solche Wirte eine Hundelaus in ihren Magen bekommen, und mit ihr den eingeschlossenen Bandwurmkopf; zärtlicher Verkehr, Küssen und Anschmiegen wird eine solche Einfuhr sehr leicht machen.

Der kürbiskernähnliche Bandwurm findet sich auch bei unserer Hauskatze als elliptischer gewöhnlich bezeichnet.

Der zierliche Bandwurm ist 50—200 mm lang; seine reifen Glieder sind höchstens 2 mm breit, von leicht rosiger Färbung und kriechen meist noch recht lebhaft umher, wenn sie ins Freie entleert sind. Der Bandwurm ist dadurch charakterisiert, daß jedes Glied an jeder Seitenkante einen Geschlechtsporus zeigt.

Der gesägte Bandwurm
(Taenia serrata).

Dieser sehr häufige Schmarotzer des Hundes, der oft in großer Zahl im Dünndarme angetroffen wird, ist ½—1 Meter lang, die breitesten Glieder messen bis 5 mm in der Breite, sie sind vorn weit schmäler als hinten; dadurch entsteht das Ansehen einer Säge. Jedes Glied hat nur einen Geschlechtsporus bald rechts bald links am Rande liegend. Der Kopf ist groß mit 38—42 Häkchen bewaffnet; die Eier sind dickschalig, aus Stäbchen zusammengesetzt.

Sein Jugendzustand,

die erbsenförmige Finne
(Cysticercus pisiformis)

lebt im Bauchfelle der Hasen und Kaninchen; diese nehmen die Eier mit dem Futter auf; die Embryonen gelangen in

10*

die Leber, wandern in derselben bis zur Oberfläche, durchbrechen dieselbe und gelangen in die Bauchhöhle, wo sie eine Zeit lang wie langgestreckte Würmchen umherkriechen, um endlich eingekapselt zu werden; manche werden auch an der Leberoberfläche eingekapselt. Bis zu 200 Stück findet man bisweilen in demselben Hasen.

Die Hasen, welche solche Finnen besitzen, sind vollkommen genießbar, wenn diese nur beseitigt werden. Doch ist streng darauf zu halten, daß die Jagdhunde nicht diese Finnen verschlingen, da sie sonst den Bandwurm wieder in größerer Menge erwerben und mit den ausgestreuten Eiern das Wild anstecken, so daß es mit erbsenförmigen Finnen besetzt wird. Jedenfalls ist die Einwanderung desselben kein gleichgültiger Vorgang; man findet die Leber häufig wie von Striemen und Narben durchfurcht.

Über den Quesenbandwurm (T. coenurus) ist ausführlich beim Schafe, das seinen Jugendzustand, den Drehwurm beherbergt, gehandelt. Eben so findet sich das Nötige über den geränderten Bandwurm (T. marginata) bei den Wiederkäuern, welche als Zwischenwirte desselben dienen; dieser Bandwurm ist in England besonders häufig; nach Cobbold sollen 25% aller Hunde in England ihn besitzen, während in Dänemark nur 14% ungefähr mit ihm behaftet sind, Island allerdings übertrifft mit 75% weit alle andern Länder.

Der Herzwurm des Hundes

(Filaria immitis).

Zwei Arten von Blutwürmern sind beim Hunde gefunden; die eine Art haust im erwachsenen Zustande meist im rechten Herzen, während die junge mikroskopisch kleine Brut in unzähligen Scharen im Blute kreist. Das rechte

Herz ist bisweilen bis in die Lungenarterie ganz ausgestopft von den erwachsenen Fadenwürmern.

Der männliche Wurm ist bis 160 mm lang, der weibliche bis 250 mm, ihre Dicke beträgt 1—1½ mm; der Schmarotzer bringt haarfeine lebende Junge zur Welt. Die Schmarotzer bedingen Erweiterung, Entartung und bisweilen Zerreißung des Herzens und dadurch den Tod. Mit diesen Schmarotzern behaftete Hunde sind meist sehr gefräßig, magern aber trotzdem ab; sie sind sehr unruhig und beweglich; bisweilen leiden sie an epilepsieartigen Krämpfen.

Diese Schmarotzer sind über die ganze Erde, wie es scheint, verbreitet; in Amerika, in Frankreich, vor allem aber in China, Japan, Ostindien sind sie ein sehr häufiger Befund bei Hunden. Ich bin im Besitze solcher Tiere aus Japan, welche ich Herrn Dr. Schotte, Stabsarzt in der kaiserlichen Marine verdanke.

Über die Schicksale der im Blute kreisenden Brut, sowie über die Wege, auf denen die Hunde diese Schmarotzer erwerben, sind wir noch völlig im Dunkel.

Die zweite Blutwurmart beim Hunde ist die

Filaria sanguinolenta (Spiroptera sang.).

Sie wohnt in Geschwülsten, welche an der Speiseröhre, an der großen Brustschlagader und in der Schleimhaut des Magens sitzen. Das Männchen ist 30—40 mm, das Weibchen 60—70 mm lang, die Embryonen sollen den Blutwürmchen des Menschen ähnlich sehen, doch kleiner sein.

Pentastomum *).

Die Pentastomen sind zu den Milben gehörige wurmförmige Tiere, welche bei Säugetieren, Reptilien und Fischen

*) Pentastomum = Fünfmund, weil irrtümlich auch die vier Krallen für Mundöffnungen gehalten wurden.

schmarotzen. Für uns hat nur das bandwurmartige Pentastomum (Pentastomum taenioides) und sein Jugendzustand, das gezähnelte Pentastomum (P. denticulatum), größeres Interesse.

Das erwachsene Pentastomum wohnt in der Nasenhöhle und ihren Nebenhöhlen beim Hunde und Wolfe, selten bei Pferd und Ziege. Es ist ein weißliches oder gelbliches Tier; das Männchen mißt bis 18, das Weibchen bis 100 mm; der Körper ist etwas abgeplattet, lanzettförmig in etwa neunzig Segmente geteilt. Die Haut ist mit zahlreichen feinen Luftlöchern (Stigmen) versehen.

Am vordern Körperende zeigen die Pentastomen neben zwei feinen Tastspitzen vier klauenartige Füße, welche in taschenartigen Vertiefungen beweglich eingesenkt sind. Zwischen den Klauen findet sich an der Bauchseite eine ovale Mundöffnung, ohne irgend welche Kau- oder Nagewerkzeuge; die daran sich anschließende muskulöse Speiseröhre saugt die Nahrung auf und befördert sie in die folgenden Abschnitte des Verdauungsapparates.

Die Weibchen enthalten oft bis zu 500 000 Eier von braungelber Färbung, wodurch der Körper die leicht gelbliche Farbe erhält.

Die Eier gehen dem Nasenschleime beigemischt ab; sie enthalten schon, bevor sie abgelegt werden, völlig entwickelte mit zwei Krallenpaaren ausgestattete Embryonen. Gelangen die Eier in den Verdauungskanal eines geeigneten Tieres, so werden die Schalen gelöst, die Jungen werden frei, durchbohren mit ihren zwei Krallenpaaren die Wände des Verdauungskanales und gelangen auf noch nicht festgestelltem Wege in die verschiedensten Organe, besonders Leber und Lungen ihrer Zwischenwirte, wo sie starke Zerstörungen anzurichten vermögen. So fand Gros in der Lunge eines Lapin 30 lebende Pentastomenlarven, welche die Lunge mit ihren Krallen zerfleischten. Ähnliche Befunde berichtet Leuckart. Bleibt das Leben des Wirtes erhalten, so werden sie mit einer Hülle umgeben, häuten sich mehrmals und entwickeln sich zum sogenannten gezähnelten Pentastomum (Pentastomum denticulatum). Gelangt letzteres auf irgend eine Weise in die Verdauungswege des Hundes oder Wolfes, so wandert es von da aus in die Nasenhöhle und entwickelt sich daselbst zur Geschlechtsreife.

Den Jugendzustand hat man bis jetzt bei folgenden Wirten beobachtet: Ziege, Hase, Kaninchen, Meerschweinchen und andern Pflanzenfressern, beim Menschen fand diesen Schmarotzer zuerst Zenker und wies sein häufiges Vorkommen nach.

Die Wege, wie die Eier in die genannten Wirte gelangen, dürften mannigfach sein; meist werden sie wohl mit Nahrungsmitteln eingeführt, die vorher von Hunden beschnüffelt wurden; der Mensch kann sich am leichtesten durch die Unsitte, Hunde zu küssen, damit versehen.

Die Anwesenheit der Pentastomen in der Nasenhöhle des Hundes erregt je nach ihrer Zahl mehr oder weniger heftige Erscheinungen; Leuckart, dessen experimentelle Untersuchungen uns die Entwicklungsgeschichte der Pentastomen kennen lehrten, beschreibt die Folgen der Einführung von Pentastomen in die Nasenhöhle von Hunden höchst anschaulich. Die von ihm eingeführten jungen Schmarotzer, die bis dahin kaum irgend welche auffallende Lebenserscheinungen von sich gegeben hatten, erwachten in der feuchten Wärme ihrer neuen Umgebung aus der frühern Lethargie und begannen augenblicklich eine rasche und kräftige, blutegelartige Bewegung, meist geradenwegs in die Tiefe der Nasenhöhle. Kaum waren einige Sekunden vergangen und die neuen Wirte begannen ein gewaltiges Niesen, das mehrere Minuten anhielt und die eingeführten Gäste in größerer oder geringerer Menge wieder hervorschleuderte; kurz darauf gesellte sich zu diesem Niesen ein eben so heftiges Husten; ein Teil der eingeführten Würmer hatte offenbar den Weg in die Luftritze gefunden. Auch in Rachen und Speiseröhre verbreiteten sich die Schmarotzer; das bewies die Brechneigung, die sich gleichzeitig einstellte, und die Schluckbewegung, die fortwährend geübt wurde. Dabei thränten die Augen, die Haare wurden gesträubt, ein konvulsivisches Zittern und andere Zeichen, besonders heftiges Reiben der Nase bis zum Blutigwerden, bezeichnete die Stärke des Reizes, der von den gewaltigen Krallen und Stacheln der Wanderer ausging. So stürmisch die Erscheinungen anfangs waren, gingen sie doch nach Verlauf einiger Stunden allmählich vorüber; mit der Zeit schienen die Hunde gegen den Reiz sich abzustumpfen.

Die Schleimhaut der Nasenhöhle zeigt sich bei solchen Hunden gerötet, geschwellt und gelockert und mit reichlicherem Schleime belegt. Seltener wohl dürfte es zu noch stärkeren Veränderungen und ihren Erscheinungen kommen; man will Anfälle von Raserei, Tobsucht und Beißsucht bei mit Pentastomen behafteten Hunden auf diese zurückführen.

Es dürfte schwer sein, durch irgend welche Mittel Pentastomen aus der Nasenhöhle des Hundes zu entfernen, falls es gelungen wäre, ihre Anwesenheit durch abgehende Eier festzustellen. Einspritzungen von Benzin sind empfohlen, da solches ein tödliches Gift für alle niederen Tiere ist.

Wichtiger ist, eine Einwanderung von Pentastomen zu verhüten; es dürfte Hunden nicht gestattet werden, die rohen Eingeweide von Schlachttieren, besonders aber von Hasen und Kaninchen zu verzehren; sollten sich in solchen junge Pentastomen finden, so wären sie durch kochendes Wasser zu vernichten.

Beim Menschen ist einmal bis jetzt ein erwachsenes Pentastomum in der Nase vorgekommen. Dr. Laudon berichtete über einen Mann, der sieben Jahre lang fast ununterbrochen an Nasenbluten gelitten hatte; dasselbe hörte auf, sobald der Schmarotzer aus dem linken Nasenloche entleert war. Bereits vor Beginn des Nasenblutens waren Erscheinungen von Seite der Leber vorhanden, die Laudon auf einwandernde junge Pentastomen bezieht.

Die Zahl der äußeren Schmarotzer des Hundes ist nicht groß. Die Krätzmilbe hat er mit dem Schweine gemeinsam (Sarcoptes squamiferus); sie ist auf den Menschen übertragbar, doch erzeugt sie beim Menschen nur leichte nicht schwierig zu heilende Krätze.

Vom Floh haben wir bei dem menschlichen Blutsauger gesprochen; der Hundefloh ist eine eigene Art, die sich auf dem Menschen unbehaglich fühlt und ihn möglichst bald verläßt.

Die Haarbalgmilbe kommt in derselben Form beim Hunde, wie beim Menschen vor, doch meist in viel größerer Zahl bis zu zwei oder drei Dutzend in einem Haarbalge und bedingt oft starke Hautentzündung, Verlust der Haare und da das Übel über die ganze Körperoberfläche auftritt, Abzehrung und Tod.

Eine Heilung durch Tötung der Schmarotzer ist weit schwieriger als bei der Krätze; gewöhnlich bleiben die Tiere kahl.

Die gewöhnliche Hundelaus (Trichodectes latus) macht den Flöhen bisweilen an Zahl den Rang streitig, doch saugt sie nicht Blut, sondern lebt als Haarling von den Haaren und Hautschüppchen; sie ist 1—2 mm lang, weißlich, ihr Kopf gelb und braun gefleckt, von ihrer Bedeutung als Zwischenwirt des einen Hundebandwurms haben wir früher schon gesprochen.

Eine andere echte Hundelaus dagegen (Haematopinus piliferus) saugt mit Hilfe ihrer 4 Stechborsten Blut; sie ist jedoch weit seltener als die vorige.

Die Zecke
(Ixodes ricinus).

Die Zecken sind ziemlich große platte Tiere mit lederartiger stark dehnbarer Haut, mit einem hornigen Rückenschilde, achtbeinig, mit zusammengesetzten Saugwerkzeugen. Sie halten sich auf Gebüschen und im Grase auf, von wo sie auf vorüberstreifende Tiere geraten und sich an ihnen festhalten; sie bohren ihren mit Widerhäkchen versehenen Saugrüssel tief in die Haut, um das Blut zu saugen; sie lassen sich dann nicht ausziehen, ohne zu zerreißen; sie trinken nun, wenn sie nicht gestört werden, so lange bis sie zu einer etwa kirschkerngroßen Kugel geworden sind, dann erscheinen sie braunrot, bisweilen graulich bestäubt. Nach etwa acht Tagen lassen sie von selbst los und fallen ab.

Mehrere Arten Zecken gibt es; die gewöhnlichste ist die gemeine Hundezecke oder Holzbock. Sie befallen Tiere ohne Auswahl, Hunde, Schafe, Rehe und andere. Menschen verschonen sie ebenfalls nicht, besonders im Walde umherstreifende werden häufig von ihnen heimgesucht. Manchmal hatte ich vom Botanisieren zwei oder drei mitgebracht; sie irren dann ziemlich flink auf der Haut umher bis sie ein ungestörtes Plätzchen finden, indem sie an verschiedenen Stellen anzubohren versuchen.

Man darf die festsitzende Zecke nicht abreißen, da sonst der Saugrüssel zurückbleibt und bisweilen stärkere Entzündung hervorruft. Bestreichen mit Öl macht sie meist frühzeitig loslassen.

Die Schmarotzer der Katze.

Die Katze teilt ihren Spul- und einen Bandwurm, wie gesagt, mit dem Hunde, die Trichinen, die Finne und den lanzettförmigen Egel mit zahlreichen anderen Tieren. Über eine Trichinenseuche s. S. 17. Ihr

dickhalsiger Bandwurm

(Taenia crassicolis)

verlebt seine Jugend in der Leber der Ratten und Mäuse als bandförmige Finne (Cysticercus fasciolaris).

Die Räude der Katzen wird durch die kleine Krätzmilbe (Sarcoptes minor) erzeugt, dieselbe, welche das Kaninchen besitzt; die Räude der Ratten beobachtete ich kürzlich, die Milbe schien mir mit der der Kaninchen gleich. Auch Menschen, Pferde und Rinder können mit Erfolg von der Katzenräude angesteckt werden; auf anderen Haustieren haftet diese Krätzenmilbe nicht.

Die Schmarotzer des Kaninchens.

Obwohl in Deutschland das Kaninchen nicht, wie in Frankreich, eine Rolle unter den Schlachttieren spielt, verdient es doch eine Berücksichtigung; ist es doch der vielgeliebte und vielgeplagte duldende Gespiele oder mehr das lebende Spielzeug der Kinderwelt.

Vier Rundwürmer, ein Bandwurm, drei Finnen- und drei Egelarten sind bei ihm gefunden; unter letzteren der große und der lanzetförmige Leberegel. Alle diese Schmarotzer sind von keiner großen Bedeutung für das Kaninchen, zum Teil auch nur äußerst selten bei ihm vorkommend.

Von Milbenräude haben die Kaninchen sehr häufig zu leiden; vier Arten kommen bei ihm vor; es teilt die Krätzmilbe des Schweines (Sarkoptes squamiferus) und die der Katze (Sarkoptes minor); außer diesen echten Grabmilben hat es noch eine Saugmilbe, welche eine Entzündung des Ohres hervorruft. Endlich kommt bei dem Kaninchen noch eine schuppenfressende Ohrmilbe (Dermatophagus) vor.

Auch eine Laus ist dem Kaninchen nicht versagt.

Von weit größerer Bedeutung als die genannten aber sind die sogenannten

Psorospermien.

Mit dem Namen Psorospermien bezeichnet man eigentümliche Gebilde, welche neuerdings von Eimer als Entwicklungsstufe der Gregarinen nachgewiesen sind. Diese Gebilde von rundlicher oder eiförmiger Gestalt gleichen außerordentlich den Eiern von Würmern und sind auch vielfach für solche gehalten worden; sie haben eine feste Schale, in welcher ein grobkörniger Inhalt eingeschlossen ist. Die Gregarinen sind einzellige Schmarotzer niederster Art (Fig. 64, 1—12), welche immer massenhaft in ihren

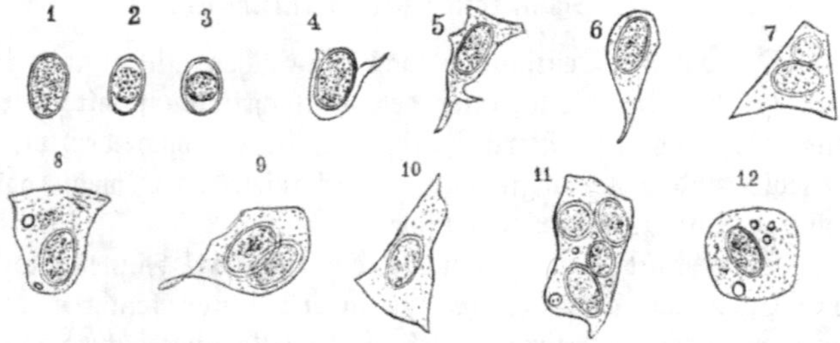

Fig. 64. Psorospermien (eingekapselte Gregarinen) aus einem jungen Kaninchen. (Etwa 300 mal vergrößert.) 1 Aus dem Darme, 2 u. 3 aus der Leber, 4—12 in Epithelzellen des Darmes eingeschlossene Psorospermien, bei 4 im Herausbrechen, bei 7 u. 9 zwei, bei 11 vier Stück in einer Zelle.

Wirten vorkommen; anfangs sind sie nur weiche Klümpchen, welche sich nach Art von Amöben fortbewegen können. In diesem Zustande finden sie sich meist im Innern von Zellen eingeschlossen, besonders in solchen Zellen, welche die Oberfläche der Schleimhäute bekleiden, in den Epithelien; indem sie größer werden treiben sie die Zelle auf; später umgeben sie sich mit der früher erwähnten Schale, werden zu eingekapselten Gregarinen; sie finden sich einzeln (Fig. 64, 5. 6. 8. 10. 12) oder zu mehreren in den Epithelien (Fig. 64, 7. 9. 11) und verändern in letzterem Falle deren Form ganz bedeutend; später zerstören sie die Zellen, indem sie durchbrechen (Fig. 64, 4) und frei werden.

Die körnige Masse im Innern der Schale hebt sich nun allmählich von der Schale ab, ballt sich in der Mitte zu einer Kugel zusammen; diese Kugel zerfällt dann in mehrere Ballen — bei den Schmarotzern des Kaninchen anscheinend immer vier —, welche sich dann in sichel- oder spindelförmige Gebilde umwandeln; diese sprengen allmählich ihre Schale und werden frei und wandeln sich dann in die sogenannten nackten Gregarinen um.

Die Teilung und weitere Entwicklung kommt, wie es scheint, nur nachdem sie ihren Wirt verlassen haben, zu stande; in der Form von nackten Gregarinen aber vermögen sie selbständige Bewegungen zu unternehmen und wandern in ihren neuen Wirt ein, um in demselben wiederum den Kreislauf der Entwicklung, wie er so eben geschildert wurde, zu beginnen.

Die Gregarinen finden sich bei wirbellosen Tieren, wie bei Wirbeltieren; unter letzteren interessiert uns vor allem das Vorkommen bei Haustieren. Sie sind beim Kalbe, Schweine, Hunde, Katze, Kaninchen, Huhne, endlich auch beim Menschen gefunden; jedoch ist noch nicht festgestellt, ob es eine Art oder mehrere Arten sind, die bei den genannten Tieren vorkommen.

Die durch sie hervorgerufene Krankheit nennt man Gregarinose, sonst auch Psorospermienkrankheit. Jeder, der Kaninchen gezüchtet hat, hat die traurige Erfahrung gemacht, daß zeitweilig besonders bei feuchtem Wetter die jungen Kaninchen fast sämtlich dahinsterben. Öffnet man solche, so fällt sofort als Hauptbefund die starke Auftreibung der Leber ins Auge; sie ist von dunkelbraunroter Farbe von mehr oder weniger hervorragenden gelben Strängen und Wülsten an der Oberfläche durchzogen. Durchschneidet man die Leber, so findet man in dem dunkelbraunroten Gewebe die gelben Stränge als Hohlräume, die mit gelbem rahmigem Breie gefüllt sind. Es sind dies die enorm erweiterten, in ihrer Wand verdickten Gallengänge. Die mikroskopische Untersuchung zeigt, daß der gelbe Brei wesentlich aus unzähligen eingekapselten Gregarinen besteht; die Epithelien der Gallengänge sind vollgestopft mit denselben Gebilden, das Lebergewebe dazwischen geht in großer Menge zu Grunde. Auch die Gallenblase ist erweitert und enthält massenhaft die Schmarotzer.

Untersucht man nun auch den Dünndarm, so fallen eigentümliche, gelblich weiß erscheinende Stellen auf, die mikroskopisch besonders starke Anhäufung derselben Schmarotzer in den Epithelien der Darmschleimhaut erkennen lassen; doch finden sich an den übrigen Abschnitten ebenfalls wenn auch weniger zahlreich dieselben Wesen in den Epithelzellen. Der ganze Darm ist außerdem meist sehr blutreich.

Die Kaninchen zeigen meist zuerst leichte Hinfälligkeit, geringere Freßlust, bei genauerem Zusehen oft leichte Gelbfärbung der Augenbindehaut; später magern sie rasch ab, zeigen sich sehr schwach, sitzen bisweilen mit gekrümmtem Rücken traurig in den Ecken und sterben endlich an Entkräftung, bisweilen unter Krämpfen.

Kaninchen, bei welchen der Darm stark beteiligt ist, zeigen oft statt des pillenartigen Kotes Durchfall.

Durch Zürn haben wir eine weitere Erkrankung der Kaninchen an Gregarinen kennen gelernt, das sogenannte bösartige Schnupfenfieber. Es entsteht, wenn die Gregarinen durch die Nasenlöcher in die Nase einwandern; sie erzeugen einen mehr oder minder heftigen Katarrh der

Nasenschleimhaut mit rascherem Verlaufe als die vorhergenannte Gregarinose. Die Tiere sind weniger munter, oft traurig, haben geringe Freßlust, die Haare sind gesträubt; bald zeigt sich anfangs spärlicher mehr wässeriger, später reichlicherer dicklicher Ausfluß aus der Nase; aus dem Maule fließt reichlicher Speichel; Nase, Lippen, Brust und Pfoten werden davon durchnäßt; die Tiere niesen und pusten vielfach, reiben sich mit den Pfoten am Kopfe oder scheuern sich mit der Nasenspitze an harten Gegenständen; anfangs haben sie geringes, später starkes Fieber, das Atmen ist lebhafter und erschwert; endlich verlieren die Tiere die Freßlust, knirschen mit den Zähnen und sterben unter Krämpfen.

Die Krankheit setzt sich bisweilen vom Rachen her auf die Schleimhaut des Gehörorganes fort durch Einwanderung der Gregarinen; es entsteht Entzündung der Trommelhöhle, Ansammlung eiterartiger Massen daselbst und bisweilen Durchbruch des Trommelfells.

So erkrankte Tiere halten den Kopf schief, daß das eine Auge zu Boden, das andere gen Himmel sieht; die Tiere fallen leicht um und rollen um ihre Längsachse am Boden umher.

In ähnlicher Weise erkrankt bisweilen die Bindehaut des Auges.

Zürn verdanken wir auch den Nachweis einer durch die Gregarinen entstandenen tödlichen Darmentzündung bei einem Kalbe; bei einem Ferkel war eine solche wahrscheinlich ebenfalls die Todesursache.

Durch Gregarinose umgekommene Kaninchen sind zu verbrennen oder tief zu vergraben; die Ställe, in denen die Krankheit ausgebrochen, sind gründlich zu reinigen; bei nassem Wetter ist kein frisches Grünfutter zu geben, sondern Heu, Hafer, Brot; häufige Reinigung des Stalles ist auch als Vorbeuge zu empfehlen.

Behandlung der erkrankten Tiere ist ziemlich aussichtslos; bisweilen heilen gering befallene von selbst; besser ist es, erkrankte zu töten und zu beseitigen.

Von besonderer Wichtigkeit aber ist die Gregarinose bei Hühnern. Wir schließen sie hier an, da es wahrscheinlich derselbe Schmarotzer ist, der vielleicht gerade von den Kaninchen auf die Hühner übertragen wird. Ich konnte keine Unterschiede zwischen von ersteren und letzteren entnommenen nachweisen. Allerdings sind die der Kaninchenleber entnommenen weit größer; vergleicht man jedoch die des zugehörigen Kaninchendarmes mit denen aus dem Hühnerdarme, so lassen sich dieselben Formen und Größen feststellen. Die Gregarinose tritt nicht selten als ausgesprochene Hühnerseuche auf und verursacht große Verluste.

Die Krankheit kommt nach den Untersuchungen von Rivolta und Silvestrini in verschiedenen Formen vor.

1. Als Gregarinose des Kehlkopfes*), oder Hühnerdifteritis. Die Hühner sind traurig und hinfällig; das Atmen erschwert, der Tod tritt in Folge von Kehlkopfverschluß durch Erstickung ein. In Kehlkopf und Luftröhre findet sich eine krupöse Haut, zuweilen auch im Rachen ein Belag; in den Epithelzellen finden sich die Psorospermien.

Ich muß jedoch hinzufügen, daß die Hühnerdifteritis, wie ich sie in Kiel in zahlreichen Fällen zur Untersuchung bekam, nie als Gregarinose auftrat, sondern sich völlig wie die menschliche Disteritis verhielt.

2. Die Gregarinose der Nase oder Psorospermienkatarrh**). Dicklicher Schleim verstopft die Nasenlöcher, Psorospermien sind in ihm enthalten; die Schleimhaut der

---

*) Laringite od angina laringea crupale psorospermica (volgarmente difterite dei polli). (Nach Rivolta.)

**) Rinite o corizza psorospermica.

Nase ist gerötet mit fleckigen Blutungen durchsetzt, geschwollen, mit Schleim belegt; in den Epithelzellen stecken Psorospermien.

3. Psorospermienkrup der Maulschleimhaut*), besonders an Zunge und Schlund.

Auch bei der Zungen- und Schlunddisteritis waren hier die Gregarinen nie vorhanden.

4. Psorospermienkatarrh der Augen**), durch Rötung, Schwellung und eitrige Absonderung der Augenbindehaut gekennzeichnet, bisweilen führt die Krankheit zur Vereiterung des Augapfels.

5. Psorospermienausschlag des Kammes†), durch Bildung von braunen Borken und Krusten am Kamme ausgezeichnet.

6. Psorospermienentzündung des Darmes††). Sie soll anderen Formen der Gregarinose nachfolgen. Die Hühner sind traurig, sitzen mit struppigem Gefieder umher, haben verminderte Freßlust; magern unter starken Durchfällen bis zu Skeletten ab. In der Darmwand finden sich weiße Flecken, welche aus zusammengehäuften Psorospermien bestehen; zuweilen ist das Darmepithel in großer Ausdehnung zerstört.

Ich fand in solchen Fällen besonders die Blinddärme sehr stark beteiligt; sie enthielten in ihrem blinden Ende sehr derbe weiße oder gelbliche Pfröpfe, bisweilen von geschichtetem Baue, welche sehr fest an der Schleimhaut des Blinddarmes festsaßen; sie bestanden größtenteils aus Schleim- und Eiterzellen mit äußerst zahlreichen Psorospermien durchsetzt; die Wand des Blinddarms zeigte sich nach der Ablösung stark verdickt und an seiner Innenfläche mit Geschwüren bedeckt.

*) Stomatite cruposa psorospermica.

**) Conjonctivite crupale psorospermica.

†) Psorospermosi della cresta.

††) Enterite psorospermica.

Neuerdings hat Bollinger nachgewiesen, daß eine schon länger bekannte bei Hühnern und Tauben auftretende ansteckende Neubildung der Haut, das sogenannte Molluscum contagiosum, von ähnlichen Wesen abhängig sei.

Sehr schlimm sieht es mit der Behandlung der Krankheit aus. Gewöhnlich wird die Krankheit entdeckt, wenn sie bereits große Fortschritte gemacht hat. Zürn empfiehlt den Kaninchen zweimal täglich je einen Eßlöffel voll einer Weidenrinden-Abkochung (3 g Weidenrinde in 300 g Wasser eine halbe Stunde gekocht) mit jedesmaligem Zusatze von 3—4 Tropfen reiner Karbolsäure zu geben.

Gegen die verschiedenen Formen der Gregarinose wird fortgesetzte Reinigung der Schleimhäute, Bespritzung und Einpinselungen von schwacher Karbolsäurelösung empfohlen, gegen die Darmgregarinose innerlich ein Gemisch von Schwefelblumen und unterschwefligsaurem Natron bei gutem Futter.

Bei dem geringen Erfolge der sehr mühsamen Behandlung sind die Maßregeln von weit größerer Wichtigkeit, durch welche der Gregarinose vorgebeugt wird.

Vor allem dürfen nie Kaninchen und Hühner zusammen gehalten werden, da es nicht unwahrscheinlich ist, daß es dieselben Gregarinen sind, welche bei beiden vorkommen.

Sodann gilt als Regel, daß man nie neue Tiere besonders aus Italien importirte zu den seinigen bringe, ohne sie etwa acht Tage lang allein beobachtet zu haben, ob sie nicht an verdächtigen Erscheinungen namentlich Nasenausfluß und Augenentzündung leiden.

Es ist dabei zu beachten, daß nicht selten Tiere, welche nur in geringem Grade eine ansteckende Krankheit besitzen, solche in höchst bösartiger Form auf andere nicht durchseuchte zu übertragen vermögen. Auch ein geringer Nasenausfluß ist verdächtig; man gebe solchen Hühnern stark gesalzenes Weichfutter und als Getränke eine 3% Lösung von Eisenvitriol, die trotz des herben Geschmackes von den durch das gesalzene Futter durstigen Tieren nicht verschmäht wird; Bespülung der Nase mit einer 2% Karbolsäurelösung würde daneben gut sein. Abends jedoch ist reines Wasser zu geben.

Etwa erkrankte Tiere sind, wenn sie nicht besonders wertvoll sind, lieber zu töten und dann zu verbrennen. Sollen Heilungsversuche gemacht werden, so sind jedenfalls die Patienten von allen andern abzutrennen. Reinigung der Ställe, frischer Anstrich mit Kalk, dem 3% Karbolsäure zugesetzt ist; Abbrühen der Holzteile mit kochendem Wasser, besonders Ausreinigen des Fußbodens, starke Lüftung der Ställe, Ausbrühen der Futter- und Trinkgeschirre, Umgraben der Gehege und Auffüllen frischen Sandes sind die Maßregeln, welche beim Ausbruch der Gregarinose zum Schutze der übrigen Tiere vorgenommen werden müssen.

Die sogenannten Psorospermienschläuche übergehe ich hier, da sie bei Besprechung der Trichinen bereits Platz gefunden haben (S. 97).

Schmarotzer des Wildes.

Es sei nur in kurzem hervorgehoben, daß die freilebenden Tiere keineswegs weniger von Krankheiten überhaupt, besonders aber von Schmarotzern zu leiden haben.

Bei dem Wilde, das zu den Wiederkäuern gehört, finden sich dieselben oder ähnliche Schmarotzer wie bei den gezähmten Wiederkäuern.

Das Wildschwein besitzt zum Teil die Schmarotzer seines zahmen Stammesgenossen; der Hase teilt mit dem Kaninchen den erbsenförmigen Blasenwurm. Daneben besitzen sie vermöge ihrer Lebensweise einzelne Schmarotzer, deren Erwerb den Haustieren durch ihre eingeschränktere Lebensweise unmöglich gemacht ist.

Nicht selten erliegen denselben Schmarotzern, welche seuchenartige Erkrankungen bei den Schafen hervorrufen, große Mengen von Rehen, so daß Jagdreviere fast ihren ganzen Nachwuchs verlieren; so habe ich zu gleicher Zeit aus demselben Revier junge Rehböcke erhalten, welche an der Leberegelseuche, und solche welche an den Lungenpallisadenwürmern zu Grunde gegangen waren. Für solche Seuchen unter dem Wildstande dürfte sehr schwer Abhilfe zu schaffen sein; Trockenlegung der feuchten sumpfigen Stellen durch Gräben und Drainierung; Anlage von Tränken mit reichlichem, gutem, fließenden Wasser, Anlegung von Leckstellen mit medikamentösen Stoffen, welche vielleicht die aufgenommene Brut zu zerstören geeignet wären. Große Erfolge dürfte man sich allerdings nicht davon versprechen; wichtiger ist Schutz und Hegung aller Schnecken und niedere Wassertiere vertilgenden Vögel, wie ich S. 128 empfohlen habe.

Pflanzliche Schmarotzer der Säugetiere.

Schon bei den pflanzlichen Schmarotzern des Menschen (S. 116) haben wir gesehen, mit wie großen Schwierigkeiten eine Darlegung der dem Pflanzenreiche angehörigen Schmarotzer bei dem heutigen Stande der Pilzlehre verbunden ist. Noch lange mühsame Untersuchungen werden nötig sein, um die sich schroff gegenüberstehenden Lehren zu klären, welche von Vertrauen verdienenden Forschern in Botanik und Krankheitslehre aufgestellt sind; finden sich schon in der menschlichen Krankheitslehre solche sich schnurstracks widersprechende Anschauungen, wie viel schwieriger muß eine Entscheidung sein, ob bei Tieren sich findende pflanzliche Bildungen die Ursache gleichzeitiger krankhafter Störungen sind oder nicht; besonders bei unseren Haustieren sind durch Schmutz, Kot und feuchte Wärme die günstigsten Brutstätten für Entwicklung von Pilzen an äußeren Teilen, besonders an den Füßen gegeben. So hat man den Strahlkrebs der Pferdehufe, die Schweifflechte der Pferde, die sogenannte Mauke und gar manche andere äußere Erkrankungen auf Pilze zurückgeführt; erst neuerdings hat Bollinger eine bei Rindern sehr häufig vorkommende Geschwulst (Osteosarkom) als von einem darin fast immer aufzufindenden Pilze abhängig nachzuweisen versucht.

Eine Anzahl von Pilzkrankheiten ist allerdings sicher bei Haustieren nachgewiesen, so haben wir früher gesehen, daß der Erbgrind des Menschen bei Tieren vorkommt und von ihnen auf den Menschen übertragbar ist. Man hat ihn bei Pferden, Hunden, Katzen, Kaninchen, bei Geflügel und bei Mäusen gefunden.

Die aus Laienmunde oft zu hörende Meinung, daß Füchse und Hunde, welche viele Mäuse fressen, Hautkrankheiten bekämen, hat wohl ihre Berechtigung, indem diese sich dabei mit den Schmarotzern der Mäuse, wohl meist dem Erbgrind-Pilze anstecken; so sah man auch bei Katzen den Erbgrind zwischen den Krallen; Draper hat beobachtet, daß gesunde Katzen Erbgrind an Lippen und Backen bekamen, indem sie an Erbgrind leidende Mäuse verzehrten.

Die Kahl- oder Glatzflechte (Herpes tonsurans), eine beim Menschen vorkommende Hautkrankheit, hat man auch bei Rindern, Hunden, seltener bei Pferden, Katzen, Ziegen, Schweinen und Schafen gefunden; sie ist von einem Pilze, dem Trichophyton tonsurans abhängig; er entwickelt sich in den Haaren, durch deren Zerstörung er Kahlheit bewirkt.

Auch in inneren Organen der Säugetiere hat man, ähnlich wie beim Menschen, Pilze krankhafte Störungen hervorrufen sehen. So sind besonders schwere Erkrankungen der Atmungsorgane durch Entwicklung von Schimmelpilzen beobachtet; für verschiedene andere innere Krankheiten wurden ebenfalls niedere pflanzliche Organismen angeschuldigt, doch fehlt noch der unzweifelhaft sichere Nachweis des ursächlichen Zusammenhanges.

Von besonderer Wichtigkeit ist der Nachweis von Keimen niederer pflanzlicher Organismen in der Milch. Es steht allerdings, meiner Meinung nach, noch nicht unzweifelhaft fest, auf welchem Wege, solche in normaler Milch gefundene Keime in dieselbe gelangen; ob sie von den eingeführten Nahrungsmitteln durch Vermittlung des Blutes und der Säfte in die Milchdrüse geraten, oder durch die Ausführungsgänge von außen in die Drüse gelangend mit der Milch ausgemolken werden, oder endlich nur von der Außenfläche des Euters bei ungenügender oder unterlassener vorhergehender Reinigung beim Melken der Milch beigemischt werden, ist noch keineswegs sicher ausgemacht; die beiden letzteren Wege werden die häufigeren, erstere Art selten sein. Jedenfalls aber entwickeln sich solche Keime leicht in der günstigen Nährflüssigkeit weiter und können beim Genusse, besonders Säuglingen mehr oder weniger heftige Verdauungsstörungen bewirken; zum Teile dürfte die enorme Sterblichkeit der Kinder in den Städten auf diese Ursache zurückzuführen sein. Es sollte deshalb nie Kindern ungekochte Milch gegeben werden, auch abgesehen davon, ob wirklich die Tuberkulose, wie neuerdings höchst wahrscheinlich gemacht ist, von tuberkelkranken Kühen auf Kinder übertragen werden kann.

Die sogenannte blaue Milch, wie das Gelbwerden derselben beruht nachgewiesener Maßen auf Anwesenheit sogenannter farbstoffbildender Pflänzchen (chromatogene Mikrokocken). Solche blaue Milch gebende Kühe stecken andere mit dem Übel an; Zürn hat sogar einmal sämtliche Kühe einer Wirtschaft mit dem Übel behaftet gefunden.

Daß beim Milzbrande als Ursache die sogenannten

Milzbrand-Bakteridien sicher nachgewiesen sind, ist früher erwähnt; es liegt die Vermutung nahe, daß auch die übrigen schweren Tierseuchen (akute Infektionskrankheiten) wie die Rinderpest und ähnliche auf solchen beruhen mögen.

Die Schmarotzer der Vögel.

Ungemein reich sind meist die Vögel mit Schmarotzern jeder Art besetzt; sowohl innere Schmarotzer oft in unglaublicher Menge als äußere findet man gewöhnlich bei ihnen. Von der großen Zahl von Vögeln, die ich zu untersuchen Gelegenheit hatte, war kein einziger frei von Schmarotzern. Eine kleine Zahl derselben nur soll eine kurze Besprechung finden, doch beschränke ich mich dabei vorwiegend auf die als Haustiere lebenden Vögel.

Das Haushuhn

beherbergt allein mehr als zwei Dutzend Wurmarten. Fast ohne Ausnahme findet sich in den Blinddärmen ein 15 mm langer Rundwurm (Heterakis vesicularis); nur bei sehr großen Mengen desselben schien mir bisweilen eine Störung durch ihn bewirkt zu werden. Seltener findet sich der Hühnerspülwurm (**Ascaris gibbosa**); einmal sah ich den ganzen Vormagen von ihm ausgestopft, andere Exemplare davon fanden sich im Dünndarme.

Ebenso sind die Bandwürmer nicht so sehr häufig; sind sie aber vorhanden, so ist ihre Zahl oft sehr groß, so daß der ganze Darm mit ihnen besetzt erscheint. Beistehende Abbildung (Fig. 65) zeigt einen solchen Fund aus Pastor Gözes berühmtem Buche Taf. 31 A.

Ein Egel, Distomum ovatum, findet sich sehr selten im Eileiter. Daraus erklärt sich eine allerdings selten vorkommende Beobachtung. Bekanntlich gelangt aus dem Eierstocke des Huhnes der Dotter in den Eileiter; von der Wand des letzteren wird das Eiweiß um den Dotter herum gebildet; im unteren Teile des Eileiters erst bildet sich die Schale, welche durch Kalkablagerung hart wird. Es können nun Schmarotzer, welche im Eileiter hausen, in das Eiweiß mit eingehüllt werden, bevor die Schale gebildet ist; so ist der genannte Egel einzelnemal gefunden; dasselbe kann natürlich geschehen, wenn von anderem Orte her irgend etwas in den Eileiter gerät. Bekanntlich vereinigt sich bei den Vögeln der Eileiter mit dem Darme zu einem gemeinsamen Ausführungsgange, der sogenannten Kloake; es können nun im Darme hausende Schmarotzer durch die Kloake in den Eileiter gelangen und dort, wie der genannte Egel, in das Ei eingeschlossen werden. So hat Krabbe in Kopenhagen einen Spulwurm im Ei beobachtet. Es ist dies aber, wie gesagt, ein sehr seltenes Ereignis; die betreffenden Schmarotzer haben keinerlei Bedeutung für den Menschen; man braucht sich deshalb das reinliche Produkt unserer Haushühner nicht zu versagen.

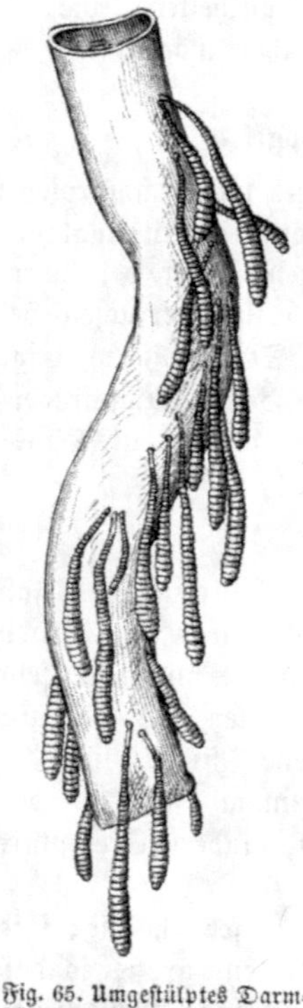

Fig. 65. Umgestülptes Darmstück eines jungen Hahnes mit sehr zahlreichen anhängenden Bandwürmern.

In ähnlicher Weise ist das Verderben der Eier zu erklären. Es gelangen von der Kloake aus Pilzkeime in den Eileiter und werden in das noch in der Entstehung begriffene Ei mit eingeschlossen. Man findet bisweilen im Innern frisch gelegter völlig unverletzter Eier mit dem Eierspiegel dunkle Flecke; solche Eier der Bebrütung unterworfen werden immer faul, da in der Brutwärme (40° C.) auch die Pilzkeime ihrer Entwicklung günstige Bedingungen finden. Alle Versuche, solche von Hause aus angesteckte Eier zu konserviren, sind natürlich vergeblich, da die Pilzkeime bei kühlerer Temperatur zwar später, aber sicher sich entwickeln und die Verderbnis des Eies veranlassen. Pilzfreie unverletzte Eier trocknen, auch noch so lange aufbewahrt, nur ein; ihr Inhalt wandelt sich in eine schließlich hornartige Masse um. Nur ausnahmsweise und unter besonders begünstigenden Verhältnissen können Pilze von außen her die Eischale und Eihäute durchdringen.

Einen weit wichtigeren Schmarotzer haben wir im Folgenden zu besprechen.

Der gepaarte Luftröhrenwurm der Vögel,
Syngamus trachealis (Sklerostoma syngamus).

Eine der gefährlichsten Krankheiten unseres Hausgeflügels, welche in manchen Jahren die ganze junge Brut in Geflügelhöfen und zoologischen Gärten vernichtet, ist durch einen kleinen Rundwurm, den Luftröhrenwurm, bedingt. Der Luftröhrenwurm findet sich meist paarweise fest zusammenhängend; sechs bis zwölf und mehr Paare hausen bisweilen in derselben Luftröhre. Das Weibchen ist 13 mm lang, das Männchen mißt nur 5 mm; letzteres sitzt nahe am Kopfende des Weibchens fest an, wodurch die Gestalt eines **Y** entsteht. Die Würmchen leben anscheinend vom Blute ihrer Wirte; sie saugen dasselbe aus den feinen Äderchen der Luftröhrenschleimhaut, indem sie mit ihrer starken Mundkapsel schröpfkopfartig an der Schleimhaut sich ansaugen. Die Schleimhaut ist in Folge der Reizung gerötet, entzündlich geschwellt und mit dickem, zähem zuweilen etwas blutigem Schleim bedeckt; durch die Schwellung, den Schleim und die zahlreichen Rundwürmer wird die Lichtung der Luftröhre verengt, so daß nicht genug Luft bei der Atmung hindurchstreichen kann; die Vögel schnappen deshalb in Folge der Atemnot mit aufgesperrtem Schnabel nach Luft, sie japsen, daher wird die Krankheit „Schnappen, Japsen“ (englisch gaps) genannt; im Anfang beobachtet man bisweilen nur Nießen, Husten, oft auch Schluckbewegungen; endlich suchen sehr häufig die damit behafteten Vögel durch Schleudern mit dem Kopfe sich von dem lästigen Inhalte ihrer Luftwege zu befreien. Bisweilen sieht man sie dadurch kleine Massen ausschleudern, die sie in der Regel sofort aufpicken und verschlucken.

Größere Vögel ertragen die Anwesenheit der Würmer oft lange, wenn ihre Zahl nicht zu groß ist; bei kleineren erscheint das Übel anfangs auch oft unbedeutend, steigert sich jedoch allmählich mehr und mehr, die Tiere siechen hin und sterben unter zunehmender Atemnot; bisweilen tritt der Tod ganz plötzlich durch Erstickung ein, wie es scheint dadurch bedingt, daß ein Wurmpaar durch seine Lagerung plötzlich die Luftröhre verlegt.

Nicht jeder hustende, nießende oder etwas schnappende Vogel leidet am Luftröhrenwurm, da auch andere Krankheiten ähnliche Erscheinungen bedingen können, obwohl jeder solcher Vogel verdächtig ist. Es ist nicht immer leicht sich ohne besondere Hilfsmittel von der Anwesenheit der Würmer zu überzeugen; bisweilen gelingt es durch den weitaufgesperrten Schnabel in die Luftwege Einblick zu gewinnen, ja sogar die Würmchen zu sehen, welche als rote Fädchen in dem Schleim liegen. Oder man kann versuchen, durch eine feine Feder, welche man rasch in die Luftröhre einschiebt und einmal um die Längsachse drehend wieder auszieht, solche zum Vorschein zu bringen. Mit dem Mikroskope kann man entweder im Schleim der Luftröhre oder auch im Kote der Vögel die Eier der Würmer nachweisen; letzteres ist die sicherste Methode, da bei etwas längerem Bestande der Krankheit immer solche Eier verschluckt und mit dem Kote entleert werden. Das Ei des Luftröhrenwurmes ist cylindrisch oder schwach ellipsoid, 0,11 mm lang, 0,036 mm dick; die Schale ist doppeltkonturiert und zeigt an beiden Polen kreisförmige Lücken, welche durch eine sehr feine der Innenfläche der Schale überall dicht anliegende Haut geschlossen sind.

Die Eier werden von den Syngamus-Weibchen in ungleichen Stadien der Entwicklung entleert; bei genügender Feuchtigkeit und Wärme entwickeln sich bereits nach 8 Tagen in den Eiern die jungen in mehrfachen Windungen gerollten Würmer, bei kühlerer Temperatur erst nach 4—6 Wochen und später. Meist bleiben die jungen Würmer in den Eiern liegen, einzelne jedoch schlüpfen an den Lücken aus, bleiben jedoch von einer feinen Haut umhüllt. Mit solchen entwickelten Eiern stellte Professor Ehlers in Erlangen (jetzt in Göttingen) Versuche an; einer Kohlmeise (Parus major), welche er längere Zeit im Käfige beobachtet hatte, um sich von ihrer Gesundheit zu überzeugen, flößte er in einem Tropfen Wasser eine größere Menge solcher Eier ein. Nach siebzehn Tagen begann die Meise zuerst zu husten; in dem frisch entleerten Kote fanden sich Syngamus-Eier in dem gewöhnlichen Entwicklungszustande. Ehlers tötete die Meise und fand in der Luftröhre zwei Paare der Würmer. Beide Weibchen enthielten legereife Eier. Es waren also zur Entwicklung der Würmer bis zur Reife und Eierablage siebzehn Tage nötig gewesen.

Ein Kanarienvogel, dem Ehlers in gleicher Weise junge Würmer enthaltende Eier eingeflößt hatte, hustete schon nach sieben Tagen und zeigte auffallende Atembeschwerden; im Kote fanden sich jedoch noch keine Eier. Am zwölften Tage nach der Fütterung tötete Ehlers den Vogel und fand in der Luftröhre zwölf Paare kleinere Syngamen, aber noch ohne reife Eier. Die zahlreichen Würmer hatten schon früher die Krankheitserscheinungen hervorgerufen.

Wie die Einwanderung der Würmer in die Luftröhre erfolgt, ist noch zu untersuchen; entweder bleiben die Eier am Kehlkopf-Eingange hängen, die jungen Würmer gelangen von da aus durch den Kehlkopf in die Luftröhre, oder die Eier kommen in den Verdauungskanal des Vogels, die Würmchen kriechen aus, dringen durch die Magen- oder Darmwand und kommen vielleicht durch die Luftsäcke in die Luftröhre.

Der gepaarte Luftröhrenwurm dürfte wohl aus Amerika zu uns gekommen sein; dort ist dieser Schmarotzer zuerst von Wiesenthal 1797 (in Baltimore) beschrieben worden; in Amerika scheint er auch am häufigsten vorzukommen und die größten Verheerungen anzurichten; leider aber ist er auch in Europa, besonders in England, wie es scheint, keine seltene Erscheinung.

Bis jetzt sind nachstehende Vögel als Wirte des Luftröhrenwurmes gefunden: Truthahn, Haushuhn, Fasan, Rebhuhn, schwarzer Storch, Ente, Elster, Krähe, Grünspecht, Star, Turmschwalbe, virginischer Kardinal, Webervogel (Euplectes melanogaster). Im Sommer 1879 fand ich in meinem Garten eine erwachsene junge Drossel, welche an zahlreichen Exemplaren dieser Schmarotzer gestorben war. Durch solche freilebende mit dem Schmarotzer behaftete Vögel können sehr leicht solche dem Hausgeflügel zugeführt werden.

Wahrscheinlich aber sind alle Vögel der Gefahr ausgesetzt, diesem Schmarotzer zum Opfer zu fallen, wie die Versuche von Ehlers an Meise und Kanarienvogel lehren.

Es wäre noch die Frage zu erledigen, was gegen den schlimmen Feind zu thun ist, sei es ihn fern zu halten oder von ihm befallene Vögel zu befreien.

Was die Vorbeugungsmaßregeln betrifft, so hat man vor allem neu erworbene, besonders von Händlern bezogene Vögel zu betrachten, ob sie irgend Krankheitserscheinungen zeigen, bevor man sie in wertvolle bevölkerte Volieren oder Geflügelhöfe bringt. Etwa befallene Vögel sind in Einzelhaft zu bringen, ihre Auswurfsstoffe sorgfältig zu entfernen, Futter und Getränke sehr rein zu halten. Tritt die Krankheit in einem Geflügelhofe oder einer Voliere in größerer Verbreitung auf, wird besonders die junge Nachzucht davon befallen, so ist offenbar unter den alten Tieren ein oder das andere mit Syngamen behaftet, so daß durch die von ihm entleerten Eier der Nachwuchs angesteckt wird. Gründliche Reinigung der Ställe und Gehege mit starker Seifenbrühe, die mit Karbolsäure versetzt ist, Ausräumung der Erde und des Sandes, sorgfältige Ausbrühung der Futter- und Trinkgeschirre dürften die Quellen der Ansteckung beseitigen. Natürlich müssen die Wirte der Syngamen einer Behandlung unterworfen werden, um die Würmer zu entfernen. Verschiedenes ist zu diesem Zwecke empfohlen; am meisten verspricht ein Ausziehen der Würmer aus der Luftröhre, falls dieselben zu sehen sind, oder es wird eine Feder, der Größe des Vogels entsprechend, in Terpentinöl getaucht und rasch in die Luftröhre eingeführt, umgedreht und wieder ausgezogen; eben so ist Benzin ein äußerst wirksames Schmarotzer tötendes Mittel; doch muß natürlich mit Vorsicht verfahren werden, um nicht Wirt und Gast zugleich zu töten. Unter den zahlreichen anderen Mitteln, welche noch empfohlen sind, dürfte der Luftröhrenschnitt bei größeren Vögeln noch empfehlenswert sein; die Würmchen werden mit Federbart oder feinem Zängelchen herausgeholt, die Wunde mit feinem Faden zugenäht. Der englische Helminthologe Cobbold hat an chloroformiertem Geflügel die Operation mit günstigem Erfolge vorgenommen.

Die beim Haushuhne schmarotzenden Milben sollen am Schlusse der Vögel-Schmarotzer eingehendere Besprechung finden.

Die Haustaube

hat weit weniger Schmarotzer-Arten, doch sind sie meist in enormen Mengen vorhanden. So findet sich bisweilen der Dünndarm in großer Ausdehnung von den Taubenspulwürmern (Heterakis maculosa) so vollkommen ausgestopft, daß es schwer begreiflich ist, wie der Speisebrei zu passieren vermag.

Ungemein häufig findet sich der Haarwurm (Trichosoma tenuissimum). Selten habe ich ihn im Dünndarme vermißt. Er scheint kein gleichgültiger Gast zu sein. Es herrscht zu manchen Zeiten eine sehr große Sterblichkeit unter den jungen Tauben; meist tritt sie auf, wenn einige Zeit Regenwetter geherrscht hat. Solcher Tiere habe ich eine große Zahl in Händen gehabt; sie waren sämtlich ausgewachsen und vollkommen flügge. Bei Lebzeiten hatten sie bis zuletzt gute Freßlust gezeigt, gegen ihr Ende hin hatten sie viel herum gesessen; Durchfall wurde häufig beobachtet. Als Befund ergab sich nur hochgradige Abmagerung, besonders Schwund der Brustmuskeln; sonst trotz sorgfältigster Untersuchung keinerlei krankhafte Veränderungen in den Organen und Geweben; als einziger weiterer Fund war meist eine unzählige Menge der genannten Haarwürmer zu verzeichnen; die Darmwand dabei ganz leicht gerötet.

Es blieb kaum ein anderer Schluß übrig, als daß diese Haarwürmer, welche in geringer Zahl wohl keine Störungen bedingen, in so großen Scharen bedeutende Reizwirkungen zur Folge haben; die Darmreizung, die ja auch aus den beobachteten Durchfällen sich ergibt, muß eine mangelhafte Ernährung zur Folge haben.

Meist ist man geneigt von Erkältung zu sprechen, wie immer, wenn die wirkliche Krankheitsursache nicht bekannt ist; scheinbar ist die Berechtigung dazu in der meist vorausgehenden schlechten Witterung gegeben, letztere hat jedoch wahrscheinlich eine andere Beziehung zur Krankheit. Bei dem schlechten Wetter sitzen die jungen Tauben mehr im Schlage, werden dort zum Teile auch gefüttert; sie picken hier weit leichter mit dem Futter zugleich die Wurmeier und Jungen, welche von anderen entleert wurden, in größerer Menge auf, als bei gutem Wetter außerhalb; sie erwerben also bei schlechtem Wetter weit größere Mengen des Schmarotzers.

Zur Verhütung des Übels ist besonders bei schlechtem Wetter vermehrte Reinlichkeit der Schläge nötig; sodann ist das Futter in häufig zu reinigenden Futternäpfen, nicht frei hingestreut zu geben. Ein Gefäß mit grobem Sande zum Aufpicken reiner zur Verdauung nötiger Steinchen würde ebenfalls zu empfehlen sein, damit die Tiere nicht vom Boden des Taubenschlages mit Kot und Wurmeiern beschmutzte aufzunehmen genötigt sind; erkrankte Tiere sind mit Aloe-Pillen zu behandeln.

Die Gans beherbergt etwa ein Dutzend Würmerarten, einige derselben hat sie mit der Ente gemeinsam; nahezu zwei Dutzend Arten sind bei letzterer gefunden.

Der Puter besitzt fünf, der Pfau drei, der Fasan sechs, das Perlhuhn zwei Wurmarten; doch sind damit die bis jetzt bei diesen Vögeln gefundenen Arten gegeben; wahrscheinlich sind ihre Schmarotzer aus der Klasse der Würmer weit zahlreicher.

Der Rotkehlchen-Egel,

(Distomum makrostomum).

Ein besonders interessanter Schmarotzer der Bernsteinschnecke (Succinea amphibia) Leukochloridium paradoxum hat seit lange die lebhafteste Aufmerksamkeit erregt; erst neuerdings aber ist es geglückt, seiner Lebensgeschichte auf die Spur zu kommen. Es entwickelt sich in der Bernsteinschnecke ein wurmartiges Gebilde von bunter Farbe; die Spitze ist fein schwarzgetüpfelt, weiterhin der wurmförmige Körper grau und weiß, der größere Teil aber grau und schön grün gefärbt. Der Schmarotzer schiebt sich bald in das eine, bald in das andere Fühlhorn der Schnecke hinein und weitet dasselbe unter lebhaften stoßenden und bohrenden Bewegungen enorm aus. Die Haut der Fühlhörner wird schließlich so dünn, daß sie bei leichtem Drucke von außen einreißt und den Schmarotzer vorfallen läßt; letzterer bleibt dann durch einen fadenförmigen Schwanz mit der Schnecke in Verbindung. Dieser Schwanz setzt sich in den Leib der Schnecke fort und verliert sich in einem Geflechte von feinen zwischen Leber und Darm eingefügten Fäden. In dem beweglichen Schlauche finden sich kleine Saugwürmer, meist in eine elastische Haut eingeschlossen. Es sind diese Schläuche also als Ammen aufzufassen. Bereits v. Siebold hatte vermutet, daß diese Schläuche von Vögeln verschluckt werden würden, die durch die heftigen Bewegungen darauf aufmerksam würden. In den Vögeln aber würden die jungen Saugwürmer frei und sich zu erwachsenen Distomen entwickeln. E. Zeller hat nun die Richtigkeit dieser Vermutung nachgewiesen, indem er nicht nur die Gleichheit der jungen Würmer mit Distomen nachwies, welche er im Mastdarm eines Rotkehlchens fand, sondern auch bei Grasmücken, Schwarzköpfchen und Bachstelzen durch Verfütterung von Leukochloridium die Distomen erzog.

Diese Egelart (Distomum makrostomum) findet sich auch in der Nachtigall, im Spechte und anderen.

Die Eier dieser Distomen lassen im Freien einen in ihnen enthaltenen Embryo frei werden, derselbe gelangt auf irgend einem Wege in die Bernsteinschnecke, treibt in der Leibeshöhle jenen Filz von Fäden, deren Enden zu den Leukochloridienschläuchen auswachsen.

Die Milben der Vögel.

Ganz gewaltig ist die Zahl der bis jetzt schon bekannten bei Vögeln schmarotzenden Milben, und doch dürfte die Zahl der noch unbekannten weit größer sein. Wo man nur nachforscht, treten neue Formen in großer Mannigfaltigkeit entgegen.

Ihre Entwicklung, ihre Häutungsvorgänge bieten so überaus interessante Erscheinungen, daß ihr Studium ein sehr anziehendes und dankbares ist; die sonst so verachteten Geschöpfe sind zum Teile von solcher Zierlichkeit des Baues, daß man nur mit Bewunderung sie betrachten kann; beneidenswert erscheint jeder, dem vergönnt ist, ihnen Zeit und Kraft zu widmen; doch ist mit einer genaueren Erforschung erst der Anfang gemacht.

Eine große Zahl derselben belästigt ihre Wirte ganz außerordentlich, während andere mehr ein beschauliches Stillleben führen ohne wesentliche Beeinträchtigung ihres Wohntieres.

Einer der lästigsten unter ihnen ist

die gemeine Vogelmilbe
(Dermanyssus avium).

Drei Arten derselben werden unterschieden: die Hühner-Milbe (D. gallinae), die Vogel-Milbe (D. avium) und die

Schwalben=Milbe (D. hirudinis); es ist jedoch zweifelhaft, ob es nicht ein und dieselbe Art ist.

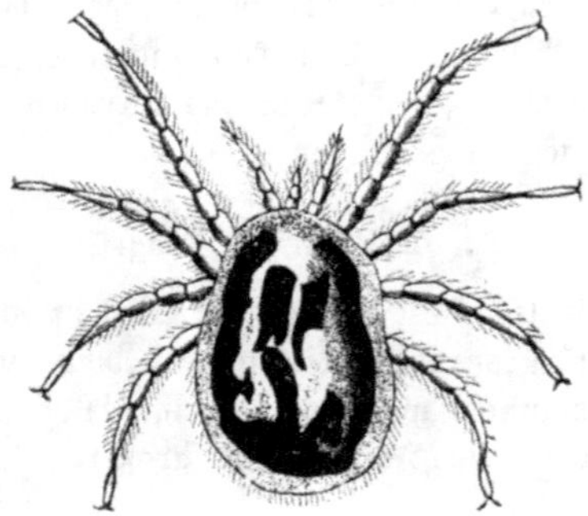

Fig. 66. Vogelmilbe*) zwanzigmal vergrößert.

Die Vogelmilbe ist ein sandkorngroßes, länglichrundes oder birnförmiges, etwas abgeplattetes, achtfüßiges Tierchen; nüchtern ist das Weibchen bis 1 mm lang, von weißlicher oder grauweißer Farbe, mit einer hufeisenförmigen Zeichnung auf dem Rücken, behende herumlaufend; hat es sich vollgesogen, so mißt es ca. 1 1/4 mm, ist blutrot und träger in seinen Bewegungen. Die Männchen sind etwas kleiner als die Weibchen. Die Tiere haben nadelfein zugeschärfte Kiefer, mit welchen sie die Haut anstechen, um das Blut zu saugen. Die Weibchen legen Eier, in welchen sich nach einiger Zeit sechsbeinige Larven entwickeln, welche sich häuten, acht Beine bekommen und geschlechtsreif werden.

Die Vogelmilbe ist ein nächtliches Tier; bei Tage sitzt sie in Ritzen und Winkeln der Ställe und Käfige, oft in

---

*) Aus Leunis, Synopsis des Tierreichs, 2. Auflage S. 690. Hannover, Hahn'sche Buchhandlung 1860.

dichtgedrängten Haufen; bei Nacht besucht sie die Vögel und saugt ihnen das Blut aus. Hebt man in den Hühnerställen die Sitzstangen auf, so findet man bisweilen die untere Seite der Auflegestelle ganz rot gefärbt; sieht man genauer zu, so findet man Tierchen von allen Größen und Farben neben einander, daneben die weißlichen abgeworfenen Häute. Eben so findet man sie in den Legenestern an den Eiern kriechend. Die Vogelmilben vermehren sich sehr stark. Durch ihre lebhaften Bewegungen stören sie den Schlaf der Vögel; dadurch magern diese ab und werden krank; außerdem verursachen sie ihnen, besonders wenn ihre Zahl groß geworden ist, nicht unbeträchtliche Blutverluste; brütende Hühner geben oft der Quälerei wegen das Brüten auf und verlassen die Eier vor dem Auskommen der Jungen.

Auch auf andere Tiere geht die Vogelmilbe bisweilen über; bei Pferden sah man Ausschlag, Borken- und Schrundenbildung mit heftigem Jucken durch sie entstehen. Bei Kindern wurde unruhiger Schlaf und leichtes Fieber in Folge zahlreicher Vogelmilben beobachtet, welche beim Besuche von Hühnerställen mitgebracht waren.

Wo die Vogelmilbe einmal in einem Stalle oder einer Vogelstube eingeführt ist, kann sie nur durch anhaltende energische Maßregeln allmählich vertilgt werden, da sich immer eine Anzahl der Schmarotzer in tieferen Ritzen und Spalten der Zerstörung entziehen und neue Geschlechter erzeugen. Leichter ist ihre Vertilgung in Vogelkäfigen, welche ganz ausgebrüht werden können.

In Hühnerställen entdeckt man ihre Anwesenheit leicht durch genaue Besichtigung der Nesteier; kleine Blutstropfen auf der Eischale machen ihre Anwesenheit wahrscheinlich, kleine rote, graue oder weiße bewegliche Pünktchen sind solche Milben. Bei Vögeln wird man auf die Gäste durch die nächtliche Unruhe, Suchen und Beißen im Gefieder aufmerksam.

Das Mittel gegen die Milben ist pünktlichste Reinlichkeit. Ausbrühen der Käfige von Zeit zu Zeit; als Sitzstangen benutzt man hohle Fliederäste, in die sich gern die Milben verkriechen; man nimmt die Stäbchen täglich heraus und brüht sie aus.

Vogelstuben und Hühnerställe müssen jährlich zweimal frisch mit Kalk geweißt werden, im Frühjahre und Herbste; dem Kalk ist 5 % Karbolsäure zuzusetzen. Sind Vogelmilben vorhanden, so muß man öfter die Ställe gründlich reinigen, alle Holzteile mit kochendem Wasser brühen, die Decken und Wände mit Kalk weißen, dem 5 % Karbolsäure zugesetzt ist. Besonders zweckmäßig ist es, die Sitzstangen der Hühner abnehmbar zu machen, indem man sie auf Träger oder besser in Blechkapseln legt; so kann man sie leicht nach Bedarf abheben, die Auflegestellen mit kochendem Wasser übergießen und dadurch bei mehrmaliger Wiederholung der sonst unglaublich sich mehrenden Blutsauger Herr werden; an solchen Stellen sammeln sie sich gerne, um ihrer Nahrungsquelle nahe zu sein. Schwefelkohlenstoff ist ein tödliches Gift für die Milben; es ist jedoch nicht zu vergessen, daß es wie seine Dämpfe höchst entzündlich ist; auch sind die Dämpfe für Menschen und Tiere giftig; deshalb darf das Mittel nur morgens zur Anwendung kommen, damit es den Tag über durch Lüften verfliegen kann.

Die Vogelmilben können sehr lange hungern, bis zu 10 Monaten hat man sie ohne Nahrung in Gläsern lebend erhalten.

Die Krätze der Hühner.

(Kalkbeine — weißer Kamm.)

Eines der häßlichsten und entstellendsten Übel der Hühner sind die sogenannten „rauhen Läufe“ — „Kalkbeine“ — „Elefantiasis“, von den Engländern „scaly legs“ genannt. Da das Übel in Deutschland eben so wie in England,

Frankreich und Amerika sehr weit verbreitet ist, so verdient es eine etwas eingehendere Besprechung; zudem sind über dasselbe in den meisten Büchern über Geflügelzucht völlig irrige Ansichten gegeben.

Die geringsten Grade werden sehr leicht ohne genauere Untersuchung übersehen; es finden sich nur etwas grauliche oder gelbliche Auflagerungen, als ob etwas Schmutz oder Lehm angetrocknet wäre; bald werden diese Auflagerungen dicker und dicker, wachsen zu unregelmäßigen höckerigen Massen besonders an der vorderen Fläche der Läufe heran; die Schilder der Läufe werden durch diese Wucherungen emporgehoben, stehen besonders mit ihrem unteren Rande ab, bisweilen so sehr, daß ihre Fläche mit der Fläche des Laufes einen rechten Winkel bildet.

Auch am Kamme zeigt sich besonders nach englischen Berichten ein ähnlicher weißlicher, schorfiger Ausschlag, der sich vom Kamm auf den Nacken und Hals ausbreitet und dort Ausfallen der Federn bewirkt.

Die Krankheit kommt bei allen Hühnerarten vor. Einmal eingeschleppt verbreitet sie sich besonders bei in engeren Räumen gehaltenen oft sehr stark.

Die Krankheit entsteht nie von selbst, weder durch Kälte, Nässe, noch Witterungswechsel. Sie ist die Folge einer kleinen Schmarotzermilbe, der

Hühner-Krätzmilbe

(Sarkoptes mutans).

Die Krankheit ist also eine Krätze oder Räude, eben so wie die Krätze des Menschen und die Räude der übrigen Haustiere.

Schon 1860 hatte Robin, der berühmte französische Gelehrte sie genau beschrieben und abgebildet.

Zerzupft man die schorfigen Massen mit Nadeln auf

einem Glasplättchen in einem Wassertropfen, so kann man mit Vergrößerungsgläsern leicht die Anwesenheit der Milben nachweisen; oft sind solche in enormer Menge darin vorhanden; sie leben in der Haut nahe der Blutgefäße enthaltenden Schichte und erzeugen durch ihr Nagen und Graben heftiges Jucken, Wucherungen der Haut und Ausschwitzungen.

Die Tierchen haben eine Gestalt ähnlich einer Schildkröte, die Weibchen werden bis 1/2 mm lang, die Männchen nur 1/4 mm; sie legen Eier in ihren in der Haut geborten Gängen, aus denen nach etwa acht Tagen die jungen Milben auskriechen; die jungen Tiere sind besonders in der Wärme sehr lebhaft und wanderlustig, sie boren sich entweder in der Nachbarschaft in die Haut ein, oder wandern bei Nacht, wenn die Hühner dicht gedrängt auf der Stange sitzen, auf andere Hühner über und übertragen so die Krankheit auch auf diese. Das Sprichwort „ein räudiges Schaf steckt die ganze Herde an" gilt auch für die Hühnerkrätze.

Erblich ist die Krankheit nur in so fern, als die Küchlein natürlich von der Glucke besonders leicht durch überwandernde Milben angesteckt werden.

Die durch die Krätzmilben erzeugte Veränderung ist aber nicht bloß häßlich, sondern die Hühner leiden dadurch auch in ihrer Ernährung; das Jucken und Beißen beunruhigt sie, stört sie in ihrer Nachtruhe, sie kommen von Fleisch, und legen weniger Eier; bisweilen sieht man Hühner, welche sich vor Jucken ganz blutig gepickt haben.

Auch auf Pferde hat man die Hühner-Krätzmilbe übergehen und bei ihnen einen Ausschlag erzeugen sehen.

Zur Beseitigung der Krankheit eignen sich alle bei der Räude der Haustiere üblichen Behandlungsweisen. Handelt es sich um ein stark mit Kalkbeinen behaftetes wertloses Huhn, so ist es besser, es dem Schlachtmesser zu überliefern und nur die übrigen geringer befallenen Tiere zu heilen.

Die Aufgabe der Behandlung ist: 1. Tötung der Milben, 2. Heilung des Reizzustandes.

Am meisten dürfte sich empfehlen, die Läufe mit grüner Seife dick einzuschmieren und mit Lappen zu umwickeln; nach mehreren Stunden oder am andern Morgen werden die Läufe in warmem Wasser mit scharfer Bürste schonend aber gründlich abgebürstet, bis alle Schorfe weg sind, dann abgetrocknet und mit einer Salbe aus krystallisierter Karbolsäure 1 Teil auf Schweinefett 30 Teile, oder Petroleum 1 Teil auf Schweinefett 3 Teile sorgfältig eingerieben, mit Lappen eingewickelt und nach einigen Stunden in warmem Seifenwasser abgebürstet; darnach Einsalbung der Läufe mit Leinöl. Gut ist es, nach 8—10 Tagen die Kur zu wiederholen.

Ein zweiter sehr häufiger Schmarotzer ist die

Bindegewebsmilbe der Hühner.

(Sarkoptes cysticola.)

Man findet bei Hühnern und Fasanen unter der Haut gelblichweiße flache Flecke von Reseda=Samen=Größe; sie sind die mit Kalk durchsetzten Kapseln abgestorbener Milben. Die lebenden Milben sind schwer zu sehen. Sie verursachen in geringer Zahl anwesend anscheinend keine besonderen Störungen, in größerer Zahl sind sie gewiß nicht ohne Nachteil, jedenfalls bedingen die zahlreichen gelben Körper ein unappetitliches Aussehen des Schlachtgeflügels. Die Weibchen legen Eier, welche bereits entwickelte Junge enthalten. Bei etwa 70% der Hühner sah ich sie.

Eben so scheint ein anderer Schmarotzer

die Luftsackmilbe

(Cytoleichus sarkoptoides),

welche in den Brust= und Bauchluftsäcken, wie in den Knochen=Lufträumen der Hühner sich findet, keine nachteiligen Folgen zu haben, wenn ihre Zahl nicht allzu groß ist; durch zahlreiche aber wird eine entzündliche Reizung der Luftsäcke bewirkt. Öffnet man ein mit diesen Milben behaftetes Huhn, so sieht man die zarten Tierchen in Form von weißen beweglichen Pünktchen auf den feinen Häuten der Luftsäcke oft in enormer Menge, Männchen, Weibchen und Junge neben einander; diese Milben vermehren sich an Ort und Stelle, indem sie lebende Junge zur Welt bringen. Auch diese Milbe ist ungemein häufig.

Stark mit solchen Milben behaftete Hühner hatten bei Lebzeiten sehr häufig einen schluckauf-ähnlichen Ton, etwa wie „gijik" lautend, hören lassen.

Auf welche Weise das Huhn die beiden eben genannten Milbenarten erwirbt, ist bis jetzt nicht bekannt.

Bei einem der jetzt so sehr beliebten Prachtfinken, bei der weißköpfigen Nonne (Munia maja), fand Ehlers am Schnabel große, graue, schwammige Auswüchse durch eine schmarotzende Krätzmilbe bedingt, welche er Dermatoryktes fossor nennt; durch die heftige Reizung war zugleich ein stärkeres Wachstum des Unterschnabels bewirkt, so daß der Vogel am fressen gehindert war, die Mauser war sehr schlecht; der Vogel ging an der ungenügenden Ernährung zu Grunde.

Eine andere, vielleicht nicht seltene doch wenig beachtete Milbe ist die

muschelförmige Saumzecke
(Argas reflexus).

Sie lebt in Taubenschlägen bei Tage in Ritzen versteckt; bei Nacht sucht sie die Tauben besonders die Jungen auf, deren Blut sie saugt; nicht selten gehen sie daran zu Grunde.

Die Zecke ist ein ovales 4—5 mm langes Tierchen; die Oberfläche rostgelb, flach ausgehöhlt und ohne Gliederung, mit größeren und kleineren, schwachen, grubenartigen Eindrücken. Der äußere Körpersaum, Unterseite und Beine sind gelblichweiß. Die Beine an unbeweglichen Hüften eingelenkt sind mit je zwei stark gekrümmten Klauen ohne Haftlappen versehen; nach vorn liegt in einer Höhlung der wagrecht ausgestreckte kurze Rüssel, der beim Stechen senkrecht nach unten gerichtet wird.

Während diese Zecke in Frankreich und Italien längst bekannt ist, wurde über sie in Deutschland erst 1859 von Dr. Boschulte in Westfalen berichtet.

Er fand die Milbe in einem Wohngebäude, das früher mit einem 1857 abgebrochenen Taubenschlage in Verbindung stand, in dem aber keine Tauben mehr gehalten wurden. Zu jeder Tages- und Jahreszeit ließen sich ein oder mehrere Tiere von verschiedenster Größe sammeln.

Nachts wurden die Bewohner der Räume von den Milben in Ermanglung von Tauben aufgesucht und gestochen: die gebissene Stelle war meist etwas angeschwollen und gerötet; die Gestochenen klagten über juckendbrennenden Schmerz, bisweilen entstanden heftigere Entzündungen. Dr. Boschulte hatte sich am 8. Februar 1859 in der Hohlhand eine Saumzecke anbeißen lassen; das Tierchen sog etwa 27 Minuten ununterbrochen in regelmäßigen Zügen; der Schmerz war juckend stechend, ähnlich dem eines Mückenstiches; das Tier ließ hierauf freiwillig los, nachdem es etwa die Größe einer kleinen Bohne erreicht hatte. Nach drei Tagen war die kleine Wunde ohne besondere Erscheinungen geheilt; nach 18 Tagen aber entstand unter Jucken und Rötung eine Anschwellung von der Größe einer Impfpocke ohne Flüssigkeitsabsonderung; das Jucken wurde sehr lästig; nach 24 Stunden ließen die Erscheinungen nach, die Stelle wurde beinahe normal.

Nach 19 Jahren berichtet nun 1879 Dr. Boschulte,

daß der Bißstelle entsprechend noch jetzt eine rundliche scharf begrenzte Erhabenheit von 3 mm Durchmesser vorhanden sei, rings um dieselbe haben sich im Laufe der Jahre auf 8 cm Durchmesser Entfernung zwölf ähnliche, in der Mitte vertiefte, meist etwas kleinere Erhabenheiten gebildet. Nach so langen Jahren also ist die linke Hand noch durch den Parasitenstich deutlich gekennzeichnet. Dr. Boschulte bemerkt noch, daß er sonst keine Anlage zur Warzenbildung habe.

Der Schmarotzer muß durch fortgesetztes gründliches Reinigen, Tünchen, besonders auch Brühen der erreichbaren Teile vertilgt werden.

Die Federspulmilben.

Wie wir schon oft sahen, bleibt kein Teil der tierischen Körper von Schmarotzern verschont; die Federspulen waren, soviel ich sehen konnte, bis jetzt noch nicht als Behausung solcher nachgewiesen. Aber auch sie haben trotz ihrer Geschlossenheit ihre Bewohner, welche die Federkiele als herrliche Krystallpaläste zur Aufnahme bereit finden.

Eine bis jetzt nicht bekannte Milbe fand ich im Herbste 1879 in unzähligen Mengen in den Federkielen der Hühner und Tauben. Am nächsten scheint sie einer Milbe zu stehen, welche Haller auf den Federn des Spechtes gefunden und Picobia Heeri genannt hat. Doch sind so wesentliche Unterschiede, daß sie nicht demselben Genus angehören können. Ich habe ihr den Namen

Federspulmilbe des Huhnes

(Syringophilus bipectinatus*).

gegeben.

---

*) Von σῦριγξ scil. τοῦ πτεροῦ die Federspule, und φίλος Freund.

Die Spulen der Schwanz- und besonders der Flügelfedern zeigen sich mehr oder weniger stark mit gelblichen, krümmeligen Massen gefüllt, während normal in der glashellen Spule nur die sogenannte Seele sichtbar ist; bei geringer Entwicklung finden sich die Milben zuerst in der Spitze der Federspule. Bisweilen sind die Federspulen stark verunstaltet.

Die Milben sind ungemein häufig; bis 90% aller von mir darauf untersuchten Hühner aus der ganzen Provinz Schleswig-Holstein sind mit ihr behaftet; eben so scheint sie bei Tauben sehr häufig vorzukommen. Bei 7 Wochen alten Hühnchen fanden sich bereits solche; auch bei einem aus Italien importierten Perlhahne sah ich sie.

Die gelblichen Massen in den Spulen bestehen aus unzähligen Männchen, Weibchen, Jungen, Eiern gemischt mit in der Häutung abgeworfenen Häuten und Kotbällchen. Die reifen Weibchen sind bis 0,9 mm lang und 0,15 mm breit, die Männchen sind etwas kürzer, die achtbeinigen Larven sind bis 0,55 mm lang und 0,13 mm breit, die sechsbeinigen Jungen messen 0,30 mm in der Länge und 0,13 mm in der Breite, die Eier sind oval 0,34 mm lang und 0,12 mm breit. Durch die Häutung erlangen die Jungen ihr viertes Beinpaar.

Zwei Paar Füße sind dicht beisammen ganz nach vorn neben den Kopf gerückt, die zwei hinteren Paare stehen beim erwachsenen Weibchen etwas hinter der Körpermitte. Sämtliche Füße sind mit höchst zierlichen Haftwerkzeugen versehen; es finden sich nach unten zuerst zwei kurze Häkchen, von ihrer Wurzel aus gehen nach hinten und oben zwei kammförmige gelbliche Chitingebilde; jede Zinke beider Kämme ist am Ende mit kurzen rechtwinklig abgehenden Spitzchen versehen. Hinter diesem Doppelkamme erhebt sich vom vorletzten Gliede ein gestielt ansitzendes, blattförmig im Halbkreis sich ausbreitendes Gebilde, das am Rande fein ausgefasert anscheinend als Stütze oder Decke des Doppelkammes dient.

Aus dem langrüsselförmig vorgeschobenen Kopfe vermögen sie zwei feine, gelbliche, hornige Dolche auszustrecken, deren Länge ein Drittel bis die Hälfte des ganzen Körpers beträgt.

Die Eier werden ungefurcht abgelegt; es entwickelt sich erst später eine junge Milbe in ihnen.

Wie die Milben in die Federspulen gelangen, läßt sich noch nicht sagen; am wahrscheinlichsten dringen einzelne in die junge Feder an der Stelle ein, wo der Federschaft in die Spule übergeht; allerdings spricht dagegen die Beobachtung, daß wenn nur wenige Milben vorhanden sind, diese in dem untersten Ende der Spule sich beisammen finden.

Ob die Anwesenheit dieser Milben von einer besonderen Störung gefolgt ist, vermag ich noch nicht zu sagen; es machte den Eindruck als mauserten solche Tiere etwas schwieriger.

Einen ähnlichen Schmarotzer habe ich neuerdings in den Federspulen eines Pfaues gefunden; er unterscheidet sich von dem vorhergehenden durch plumpere Gestalt, kleinere Kämme und mächtige Krallen an den Tastern. Diese Milbe soll den Namen

die Federspulmilbe des Pfaues
(Syringophilus uncinatus)

tragen. Neben den beiden zuletzt beschriebenen fanden sich verschiedene andere kleinere oft in großer Zahl; einige derselben scheinen bereits bekannt, andere bedürfen noch genauerer Untersuchung. Wahrscheinlich dürften sich bei anderen Vögeln noch andere Federspulmilben finden.

Die Federbalgmilbe

(Sarkoptes oder Harpyrhynchus nidulans),

sie wohnt in unzähligen Mengen unter der Haut in den Federbälgen, welche sie zu großen Knollen auftreibt; sie stört dadurch natürlich die normale Entwicklung der Feder und die Mauser außerordentlich.

Eben so zahlreich als die Milben bei Vögeln sind die Läuse derselben. So zählt Nitzsch beim Haushuhne fünf verschiedene Arten, bei der Taube drei, eben so viele beim Perlhuhn, Pfau und Ente, bei der Gans vier Arten. Mehrfach habe ich alle Arten bei demselben Tiere in mehr oder weniger großer Zahl gefunden.

Die Vogelläuse oder besser Federlinge schaden den Vögeln nur durch die außerordentliche Beunruhigung, welche sie ihnen verursachen, wenn sie in größerer Zahl vorhanden sind; sie leben nämlich von den Federn und Hautschüppchen; dabei aber kriechen sie sehr lebhaft und beweglich in den Federn umher. Die Hühner z. B. haben Tag und Nacht keine Ruhe, kommen in der Ernährung zurück und legen weniger Eier; Brütehühner verlassen oft aus Verzweiflung ihre Nester und geben das Brüten auf. Ein trockenes Sand- oder Staubbad gibt ihnen Gelegenheit die Schmarotzer abzuschütteln und aufzupicken.

Von amerikanischen Geflügelzüchtern wird empfohlen, dem an bedecktem Orte eingerichteten Sandbade zeitweilig einen Eimer voll vorher mit Petroleum gut durchfeuchteten Sandes sorgfältig beizumischen.

Eine sehr große Rolle spielen in manchen Gegenden als krankmachende Schmarotzer des Hausgeflügels

die Gregarinen.

Doch sind dieselben bereits im Zusammenhange mit der Psorospermienkrankheit der Kaninchen ausführlich besprochen

(Seite 160), da höchst wahrscheinlich derselbe Schmarotzer bei beiden die schweren Krankheiten hervorruft. In Italien scheint diese Schmarotzerkrankheit in enormer Verbreitung unter den Hühnern und Tauben zu herrschen.

Pflanzliche Schmarotzer der Vögel.

Auch pflanzliche Schmarotzer sind bei den Vögeln beobachtet; doch ist ihre Zahl gegenüber dem Reichtum an tierischen Formen anscheinend sehr klein. Im Allgemeinen gilt über sie das bei den pflanzlichen Schmarotzern des Menschen (S. 116) und der Säugetiere (S. 164) Gesagte.

Von in den Eiern vorkommenden Pilzen ist Seite 168 gehandelt.

Auf der äußeren Haut der Vögel hat man den Erbgrind wiederholt gefunden; er zeigt sich bei Hühnern zuerst am Kopfe und zwar an Kamm und Kehllappen in gleicher Weise, wie es beim menschlichen Erbgrinde beschrieben ist. Vom Kopfe schreitet er erst langsamer, dann rascher auf den übrigen Körper fort. Die Federn werden trocken, mürbe und brüchig; die Kiele sind von den Borken umgeben; der Pilz dringt auch in die Kiele selbst und in die Federsäcke ein. Es fallen dann die Federn aus und entstehen kahle Stellen. Die Krankheit wird von einem Huhne zum andern übertragen; auch auf den Menschen hat man ihn mit Erfolg übergesiedelt. Am besten ist es, derartig erkrankte Vögel zu töten und zu verbrennen.

In inneren Teilen hat man bei Vögeln weit häufiger Pilzbildungen beobachtet; anscheinend waren es meist Schimmelpilze; sie entwickelten sich vorwiegend in den Luftwegen und der Lunge und hatten den Tod zur Folge.

Bei sehr verschiedenen Vögeln sind solche Befunde verzeichnet: Holzhäher, Schwan, Rabe, Flamingo, Eidergans,

Papagei, Huhn, Taube, Eule, Falke, Saatgans, Alke, Kormoran, Dompfaffe, Goldregenpfeifer, Fasane, sie alle sind als Opfer solcher Pilzkrankheit nachgewiesen.

Aber nicht nur solche grobe Pilze schmarotzen bei Vögeln, auch die Spaltpilze scheinen unter den Krankheitsursachen der Vögel eine bedeutende Rolle zu spielen.

Eine bei Hühnern und Tauben keineswegs seltene Krankheit ist die Entzündung der Herzklappen (Endocarditis); sie tritt in Form und Verlauf genau so auf, wie die gleiche Erkrankung beim Menschen. Die Tiere sind meist vollkommen gut entwickelte junge Vögel, bei denen als hervorstechende Erscheinung eine große Schwäche der Beine sich zeigt; so beobachtete ich kürzlich die Krankheit bei einem sonst tadellosen herrlich gewachsenen La Flèche-Hahne, der aus dem zoologischen Garten zu Antwerpen stammte. Die bei Lebzeiten von mir ausgesprochene Vermutung, daß es sich um diese Herzklappen-Entzündung handele, wurde nach dem einige Wochen darauf eingetretenen Tode durch die Sektion bestätigt. Die eigentümlichen Wucherungen an den Herzklappen bestehen, ganz wie bei der menschlichen Herzklappen-Entzündung, wesentlich aus enormen Mengen mehr oder weniger dicht zusammengehäufter Spaltpilze mit wenigen Eiterkörperchen gemischt; die Spaltpilze dringen in das Gewebe der Klappe ein und zerstören dasselbe.

Eben so finden sich bei der Diphteritis der Vögel die Spaltpilze in großen Mengen.

Bisweilen treten seuchenartige, höchst rasch verlaufende Krankheiten unter dem Geflügel auf. Solche Seuchen sind unter dem Namen „Hühnerpest" mehrfach beschrieben. In Kiel und Umgegend brach eine solche im Herbste 1878 aus. Sie war durch einen großen Transport von einigen hundert Gänsen aus Ostpreußen oder Polen, eingeschleppt. Von diesen Gänsen selbst ging eine sehr große Zahl zu Grunde.

In zahlreichen Geflügelhöfen aber, wohin einzelne derselben verkauft waren, starben diese selbst, außerdem aber noch zahlreiche Enten, Hühner und Tauben; nach kurzem Kranksein wurden sie dahingerafft. Der Leichenbefund war bei allen derselbe: Blutungen im Herzfleische, Brust- und Bauchfelle und Darmschleimhaut, Verschorfungen der letzteren, Bauchfell- und Herzbeutel-Entzündung, fettige Entartung des Herzfleisches, der Leber und Magenwand. Allenthalben fanden sich in enormer Menge Anhäufungen von Spaltpilzen, die unzweifelhaft in einen ursächlichen Zusammenhang mit der heftigen Krankheit gebracht werden mußten.

Ähnliche Beobachtungen sind auch von anderen gemacht. Solche Untersuchungen auf dem Gebiete der vergleichenden Krankheitslehre versprechen außerordentlich fruchtbringend auch für die menschliche Krankheitslehre zu werden.

Die Schmarotzer der Fische.

Nicht weniger als die Bewohner der Luft sind die Wasserbewohner von Schmarotzern behelligt; neue Formen treten hier auf; besonders die Fische besitzen Legionen von Schmarotzern, daß sie oft von ihnen fast zu bersten scheinen. Groß sind die Nachteile, welche durch solche der Fischzucht zugefügt werden. Unter ihnen ist besonders ein Pilz, Saprolegnia ferox, neuerdings berüchtigt geworden; eine tödliche Seuche, welche im Frühjahre 1878 unter den Flußfischen in England und Schottland herrschte, wurde durch ihn hervorgerufen. Ein Baumwolle oder Reif ähnlicher weißlicher zarter Überzug bedeckte die Schuppen; die Kiemen und das Maul wurden davon verstopft, die Augen erblindeten; die Fische mußten zu Grunde gehen. Besonders Lachse, Forellen und Aale fielen dem Pilze zum Opfer.

Auch der künstlichen Fischzucht ist er ein gefährlicher Feind. Seine ausgestreuten Keime, die Sporen setzen sich an der Eihaut fest, wachsen rasch zu langen Fäden aus, welche das Ei in dichten Filz hüllen und es zerstören. Nur reichlicher Zufluß kalten Wassers und Abhaltung des Lichtes hält die Seuche im Zaume; jedes angesteckte Ei muß sofort beseitigt werden, um die weitere Verbreitung hintanzuhalten.

Von tierischen Schmarotzern sind zuerst die Psorospermien, Gregarinen zu erwähnen, Verwandte der beim Kaninchen ausführlich beschriebenen Form. Massenhaftes Sterben der Fische hat man auf ihre Rechnung gesetzt.

Besonders reich bedacht sind Fische mit Würmern jeder Art. Sind doch die Dorsche im Sommer so strotzend voll Würmer, daß auch die größten Verehrer ihres Fleisches in dieser Zeit auf den Genuß verzichten. Anders denken die Italiener, welche nach Cuviers Mitteilung die in Süßwasserfischen so häufig vorkommenden Riemenwürmer als „Macaroni piatti“ mit Appetit verzehren.

Der Riemenwurm

(Ligula simplicissima)

ist ein bis $^1/_3$ m langer, bandförmiger, quergerunzelter Wurm mit einer Längsfurche und zwei furchenartigen Sauggruben am Kopfe; er lebt in der Leibeshöhle des Hechtes, Barsches, der Maräne, Lachsforelle und anderer Fische im unreifen Zustande; erst im Darme der Wasservögel, besonders des Storches, Reihers, der Möve und wilden Ente erlangt er seine Reife, wenn er mit seinem ersten Wirte von solchen verschlungen wird.

Rundwürmer, Bandwürmer, Saugwürmer und Kratzer finden sich in sehr großer Zahl bei den Fischen; die Bandwürmer hausen zum Teile im Jugendzustande in den Fischen, während der zugehörige ausgewachsene Schmarotzer im Darme der Fische fressenden Tiere sich entwickelt. Wahrscheinlich lebt auch die Jugendform des menschlichen Grubenkopfes in Fischen, doch ist der Nachweis davon noch nicht geführt.

Alle die zahlreichen bis jetzt bekannten, den Würmern zugehörigen Fischschmarotzer sind unschädlich für den Menschen, wenn auch ein mit Würmern wohl durchspickter Fisch von den meisten als Nahrungsmittel abgelehnt werden wird. Die Notiz, welche kürzlich durch viele Blätter lief und sogar in einem sonst wohl geleiteten Blatte für Fischzucht ohne Bemerkung Aufnahme fand, daß auch die Aale Trichinen hätten und deshalb die Trichinenkrankheit beim Menschen durch ihren Genuß entstehen könnte, ist durchaus falsch; der für oberflächlichste Beobachtung durch seine spiralige Zusammenrollung Trichinen ähnelnde Wurm hat mit dem gefährlichen Gaste des Menschen nichts zu thun; eben so sind andere sogenannte Fischtrichinen keine Trichinen und für den Menschen vollkommen unschädlich.

Verschiedene neue Formen von Schmarotzern, die ihresgleichen nicht bei den seither besprochenen Tieren haben, treten bei den Fischen auf. Unter ihnen sind besonders eine große Zahl zu den Krebstieren gehörige Parasiten von ganz außerordentlichem Interesse.

Es hausen an, auf und in Fischen Legionen von Schmarotzerkrebsen von mannigfachster Form; ein Teil gehört den höheren Krebsen, den Asseln, andere den Krebsflöhen, Kopepoden an. Jeder Süß- oder Salzwasserfisch hat fast seine besonderen Schmarotzerkrebse; manchmal beherbergt er zugleich die verschiedenen ihm zukommenden Arten. In einem humorvollen Aufsatze hat C. Vogt über sie berichtet. Keine Seltenheit ist es, an dem Auge desselben Lippenfisches neben einem kleinen Schuppenschmarotzer eine große oft über einen Zoll lange häßlich graue Assel sitzen zu sehen, die mit ihren scharfkralligen Hakenfüßen sich tief in die Haut einhakt und wurmartige Gänge auf derselben ausgräbt. Neben ihr sitzt meist ihr kleineres Männchen in gleicher Weise wühlend in der dicken Haut, die den Kopf umhüllt; doch ist es meist weniger festgehakt als das Weibchen, das man nur mit Mühe losreißen kann. Wehe dem, der es mit den Fingern losreißt; es krallt sich sofort tief in den Finger ein, so daß es nur unter heftigen Schmerzen mit Zängelchen seine Krallen ausbiegen läßt.

Nicht weniger häufig ist ein anderer Schmarotzerkrebs, ein durchsichtiges Tierchen mit halbkreisförmigem Rückenschilde, auf dem ein brennend rotes Auge sitzt; er gehört zu den sogenannten Fischläusen (Caligus). Die Weibchen tragen zwei lange Eischnüre am Hinterleibe, die Männchen sind ihnen ähnlich, nur kleiner. Es sind unruhige Gäste; sie laufen auf der Außenfläche der Fische flink umher, wie Bachstelzen mit dem Hinterleibe wippend; sie haben bei jedem Fische ihr Lieblingsversteck, wo sie sich massenhaft versammeln; so bei der Scholle hinter den Brustflossen, beim Steinbutt auf den Kiemen, beim Bars im Rachen. Sie leben wahrscheinlich vom Schleime der Fischhaut, doch können sie auch lange im Seewasser frei am Leben erhalten werden.

In ähnlicher Weise leben sehr zahlreiche Kopepoden auf Kosten anderer Tiere, ja fast die Hälfte aller bekannten Arten sind Schmarotzer. Doch ist gerade bei ihnen eine scharfe Abgrenzung der freilebenden Formen von den schmarotzenden kaum durchführbar, parasitische und freilebende Arten gehen aufs allmählichste in einander über und zwar sowohl was ihre Organisation betrifft, wie ihre Lebensweise. Wenn auch für viele Fälle gegenwärtig noch nicht volle Einsicht in die Lebensverhältnisse gewonnen ist, da die genauere Erforschung der Kopepoden erst der neuesten Zeit angehört, so ist doch in vielen anderen Fällen vollkommen klargelegt, wie eine freie Lebensweise zuerst mit einer zeitweilig seßhaften, die zeitweilig seßhafte mit einer dauernd seßhaften vertauscht worden ist; ja bei demselben Tiere ist ein verschiedener Grad des Parasitismus vorhanden, indem die Männchen meist weit weniger seßhaft werden als die Weibchen; letztere erfahren in Folge davon in viel höherem Maße eine Rückbildung und Vereinfachung ihrer Organisation als erstere. Die Weibchen werden in vielen Fällen zu vollkommenen Brutschläuchen umgewandelt, deren gesamte übrige Ausstattung verkümmert oder völlig verschwindet.

Aus den Eiern all dieser Krebse, sowohl der frei lebenden wie der schmarotzenden, entwickeln sich Junge, welche durchaus sich gleichen, mit Bewegungswerkzeugen wohl ausgestattet sind; es sind diese Jungen früher für Tierchen eigener Art, „Nauplius“, gehalten worden; aus diesen Naupliusformen gehen bei den freilebenden gut organisierte erwachsene Tiere hervor, bei den schmarotzenden entstehen Männchen daraus, welche bereits einen mehr oder weniger hohen Grad von Rückbildung zeigen; die Weibchen aber schreiten in der rückgängigen Metamorphose viel weiter vor, so daß sie keine Ähnlichkeit mit Krebstieren mehr haben und nur aus der Entwicklung als solche erkannt werden können; diese starke Rückbildung, welche besonders als Verkümmerung der Bewegungsorgane sich zeigt, ist von dem dauernden Nichtgebrauche abhängig. Das Weibchen, das für die Erhaltung der Art zu sorgen, also sehr viel mehr Nahrungsbedürfnis bei dem Wirte zu befriedigen hat, ist deshalb seßhafter, mehr Schmarotzer als das Männchen und erfährt darum eine bedeutendere Zurückbildung als jenes. Weitere Untersuchungen auf diesem Gebiete werden voraussichtlich noch viele wertvolle Aufschlüsse über das allmähliche Hervorgehen des Parasitismus aus dem freien Leben geben.

Die Schmarotzer der Insekten

sind nicht weniger häufig, wie solche bei anderen Geschöpfen; pflanzliche und tierische richten unter ihnen oft ganz beträchtliche Verheerungen an, so daß man in der That von Seuchen unter den Insekten zu sprechen berechtigt ist.

Schon Goethe hatte ein eigentümliches Verhalten der Stubenfliegen beobachtet, ohne sich davon Rechenschaft geben zu können. Jeder, der gewohnt ist, mit offenem Auge die Dinge um sich zu betrachten, bemerkt besonders im Herbste Stubenfliegen, welche mit eigentümlich gespreizten Beinen an den Zimmerwänden, an Fenstern und Thüren festhängen; sie zeigen nicht nur eine Art graulicher Bestäubung, sondern um sie herum findet sich ein graulich bestäubter Hof (Fig. 67). Diese Bestäubung der Fliege und ihrer Umgebung ist durch

Fig. 67.

einen Schmarotzerpilz, Empusa muscae veranlaßt. Von zahlreichen Forschern wurde diese interessante Fliegenseuche studiert; aber erst dem Botaniker Brefeld gelang es, die ganze Lebensgeschichte des Pilzes zu erforschen. Er beobachtete das Eindringen des Pilzes, welches nur an der weißen Hautstelle des Unterleibes stattfindet, dann die weitere Entwicklung des Eindringlings im Fliegenleibe, seine Vermehrung durch Zergliederung kurzer Sprossen; diese wachsen schließlich zu einem Schlauche aus, der an der Spitze anschwillt und aus dem Fliegenleibe hervorsproßt. Auf den sich dicht neben einander ordnenden Schläuchen wird nun je eine Spore gebildet, die durch Aufplatzen des Schlauches von dessen Inhalt umhüllt in die Umgebung geschleudert wird; diese ersten Sporen keimen sofort, es werden zweite Sporen gebildet, welche durch Aufplatzen der Mutterspore abermals weggeschleudert werden. So werden sie Fliegen, welche zufällig einen solchen Platz passieren, an den Unterleib geworfen, bleiben kleben, wachsen aus und an den genannten weißen Hautstellen in die Fliege hinein. Sogenannte Dauersporen vermitteln wahrscheinlich die Überwinterung.

Ein ähnlicher Pilz, der Raupenpilz (Entomophthora radicans), erwirbt sich große Verdienste um Gartenbau und Landwirtschaft, indem er bei den Kohlraupen seuchenartig auftritt und große Mengen derselben hinrafft. Die Erfahrung solcher Insektenseuchen durch Pilze hat neuerdings zu dem Vorschlage geführt, solche Pilzseuchen gegen den Koloradokäfer, wie gegen die Reblaus zu Hilfe zu nehmen; es soll versucht werden, solche Pilzseuchen bei ihnen zu erzeugen.

Wenn so einzelne Schmarotzerpilze als unfreiwillige Bundesgenossen des Menschen angesehen werden dürfen, so sind andere um so schlimmere Feinde.

Der Muscardine-Pilz

(Botrytis Bassiana)

ist in Seide züchtenden Gegenden ein übelberufener Gast. Er bedingt die Muscardine oder Calcino genannte tödliche Krankheit der Seidenraupen. Diese Krankheit, schon im vorigen Jahrhundert bekannt, hat erst in diesem in außerordentlicher Weise sich verbreitet und in großen Epidemien die Seidenraupen getötet. In der letzten Zeit ist sie etwas seltener geworden.

Die Pilzsporen gelangen auf die Haut der Seidenraupen, wachsen aus, durchdringen die Haut und gelangen so in den Körper, den sie durch ihr weiteres Wachstum völlig erfüllen. Die Krankheit dauert 12—14 Tage und endet tödlich.

In den letzten zwanzig Jahren ist die Muscardine durch eine andere Pilzkrankheit abgelöst worden,

die Gattine.

Ihre Ursache ist ein zu den Bakterien gehöriges niederes Pflänzchen (Nosema bombycis). Als feine Körner findet sich dieser Spaltpilz im Blute und den Geweben der Seidenraupe.

Eben so wird eine neue, in den letzten Jahren in Südfrankreich bei den Seidenraupen aufgetretene Krankheit

die Schlafsucht

(Flaccidezza)

auf niedere Organismen zurückgeführt.

Die Faulbrut

der Bienen verdankt ebenfalls solchen ihre Entstehung. Alle diese Pilzkrankheiten der Insekten sind in hohem Maße ansteckend.

Die Insekten sind aber auch tierischen Schmarotzern ausgesetzt. Die Biene hat eine sehr sonderbare Laus (Braula coerulea); sie klammert sich fest an dieselben an und schmarotzt mit Vorliebe bei der Königin. Von wurmartigen Schmarotzern ist besonders der Gordius, Wasserkalb, von Interesse. Es ist ein bis über Meter langer fadendicker Wurm, der alle möglichen Insekten, besonders Wasserinsekten in seiner Jugend bewohnt; hat er eine bestimmte Reife erlangt, so durchbricht er, mit seinem Kopfende voran, die Haut und kriecht heraus, begibt sich in Wasser oder feuchte Erde; daselbst erreicht er seine volle Entwicklung, legt seine Eier; die daraus hervorgehenden Jungen dringen durch die Haut wieder in Insekten ein.

Die Beobachtung vom Auswandern dieser Schmarotzer hat die Tartaren zu der Meinung veranlaßt, die Heuschrecken — in denen Gordius auch sehr oft haust — erzeugten junge Schlangen.

Tierische Schmarotzer der Pflanzen.

Auch ihre Zahl ist Legion; doch dürfte sehr schwer die Grenze zwischen den gewöhnlichen Pflanzenfressern und den schmarotzenden Tieren zu ziehen sein. Die unzähligen Insekten und deren Larven sind es vorwiegend, welche hier in Betracht kommen. Zählen doch die Blattläuse allein 350 Arten in Europa, über 120 in Deutschland. Eine sehr ausführliche Zusammenstellung derselben gibt Leunis, Synopsis der Pflanzenkunde, II. Auflage I, 171. Hier mögen nur zwei interessante Formen hervorgehoben werden, da gerade die interessantesten derselben, die Blattläuse, in den zwei die Insekten behandelnden Bändchen der Naturkräfte eingehender besprochen sind.

Das Weizenälchen.

(Anguillula tritici).

Die unter dem Namen Anguillula, Älchen bekannten Pflanzenschmarotzer sind besonders wichtig, weil sie sehr schädlich sind. Als Beispiel wählen wir das Weizenälchen; es ruft das sogenannte Gichtigwerden oder den Faulbrand des Weizens hervor. Nach Kühn sind in den erkrankten Ähren die Körner zum Teil oder gänzlich mißbildet; sie sind kleiner, zugerundet, schwarz und bestehen aus einer dicken harten Schale, deren Inhalt eine weiße staubartige Substanz bildet. Befeuchtet man sie mit Wasser, so erkennt man mit Hilfe des Mikroskopes, daß sie wesentlich aus feinen Rundwürmchen besteht, die erstarrt waren und nun durch die Feuchtigkeit zum Leben erwacht lebhaft sich bewegen. Die Würmchen in den völlig ausgebildeten Körnern sind geschlechtlos. Kommt das Korn in feuchten Boden, so erweicht und fault es; die erwachten Würmchen verbreiten sich im Boden. Gelangen sie zu einer jungen Weizenpflanze, so steigen sie an ihr hinauf; bei trocknem Wetter halten sie sich in den Blattscheiden ohne Lebenszeichen auf, bei feuchtem aber streben sie weiter nach oben und gelangen zu der in ihrer ersten Entwicklung begriffenen Ähre. Hier bedingen sie eine abnorme Entwicklung der Blütenteile; es bildet sich ein gerundeter Auswuchs, der allmählich die Größe eines normalen Weizenkornes erreicht; in ihm entwickeln sich die Älchen zur Geschlechtsreife, die Weibchen legen eine große Menge Eier; dann gehen sie wie die Männchen zu Grunde. Zur Zeit der Reife des Weizens sind sie zerfallen und nur die aus den Eiern gekrochenen Jungen sind als die oben beschriebene, weiße, staubartige Masse in den „Gicht- oder Radenkörnern“ vorhanden; der Kreislauf beginnt damit von neuem.

In ähnlicher Weise sind von anderen Anguillulaarten Krankheiten anderer Kulturgewächse abhängig.

Die Reblaus
(Phylloxera vastatrix).

Im Jahre 1864 wurde im südlichen Frankreich eine Rebenkrankheit beobachtet, die im wesentlichen als ein allmähliches Hinschwinden des Weinstockes anscheinend ohne äußere Ursache erschien. Die Pflanzen waren plötzlich in ihrer Entwicklung gehemmt, zeigten gelbe verwelkte Blätter, ihre Trauben entwickelten sich ungenügend und gelangten nicht zur Reife. Das Übel verbreitete sich von einzelnen Punkten aus rasch weiter. Auf alle möglichen Ursachen wurde anfangs die Krankheit zurückgeführt, 1868 aber erkannte man, daß ein winziges Insekt, die Reblaus (Phylloxera vastatrix) die kleine Ursache so großer Verheerungen sei. Immer weiter hatte unterdessen das Übel um sich gegriffen, so daß ihr Gebiet an der unteren Rhone von der Mündung bis nach Valence sich erstreckte. Das beigegebene Kärtchen zeigt in Farben das Vordringen der Reblaus von drei zu drei Jahren 1865—1874. In letzterem Jahre soll bereits ein Drittel aller Weinberge Frankreichs ergriffen und ein Teil davon vernichtet gewesen sein.

Auch außerhalb Frankreichs wurde die Krankheit nun beobachtet. Professor Rösler entdeckte sie 1872 in Klosterneuburg bei Wien; 1874 wurde sie bei Bonn, bald auch an vielen anderen Orten, Celle, Erfurt, Potsdam, Karlsruhe, Sachsenhausen a. M., bei Glogau, bei Metz, in Flottbeck bei Hamburg, in England, in der Schweiz, Portugal, Griechenland gefunden.

Über 28 Weinbau treibende Departements Frankreichs hatte sich 1875 das Übel schon verbreitet.

Im Dezember 1877 ist die Reblaus zum ersten Mal auch in Australien in der Nähe der Stadt Geelong, Viktoria, aufgetreten. Um den ausgedehnten Weinbau Australiens vor der drohenden Weiterverbreitung des Übels zu schützen, wurde von der Regierung sofort die Zerstörung der betroffenen Weinberge angeordnet. Vor Ablauf von 10 Jahren darf an der befallenen Stelle kein Wein gebaut werden.

Im Jahre 1878 zeigte sich die Reblaus in Italien, 1879 in Malaga sehr stark; in demselben Jahre wurden auch die berühmten Weinberge von Medoc ergriffen.

Die Ernteergebnisse in sechs von der Reblaus stark befallenen Departements mögen als Beispiel dienen für die enormen Verheerungen des Insektes.

Es war der Ertrag an Wein

in dem Departement:	einer Mittelernte in den letzten 10 Jahren	der Ernte von 1875	1876
Bouches du Rhône	316 000 hl	289 000	182 000
Drôme	258 000 „	237 000	127 000
Gard	1 618 000 „	943 000	241 000
Hérault	12 782 000 „	9 423 000	6 464 000
Haut-Pyrénées .	192 000 „	148 000	91 000
Vaucluse . . .	208 000 „	68 000	49 000
Sa.	15 374 000	11 108 000	7 154 000 hl

Der Ertrag der Weinstöcke war also auf weniger als die Hälfte gesunken, obwohl das Jahr 1875 eines der reichsten Weinjahre Frankreichs war. Der Schaden, welcher dadurch dem nationalen Wohlstande Frankreichs zugefügt ist, beläuft sich bereits auf viele Millionen.

Es ist von Interesse die Ausdehnung des Weinbaues in Europa überhaupt kennen zu lernen. Nachstehende Tabelle nach Fatio (État de la question phylloxérique en Europe en 1877) gibt die hauptsächlichsten Weinbau treibenden Länder:

	Hektar Weinberg	Hektoliter Wein jährlich	Einnahme jährlich Mark
Frankreich . . .	2 400 000	56 Millionen	960 Millionen
Italien	1 800 000	30 „	542 „
Spanien	1 400 000	27 „	592 „
Ungarn	400 000	8,5 „	204 „
Österreich	200 000	3,7 „	46 „
Portugal	200 000	3,6 „	80 „
Deutschland . . .	150 000	2,6 „	104 „
Schweiz	34 000	1,2 „	25 „

Nach den statistischen Aufstellungen des Generaldirektors im französischen Ackerbauministerium Tisseraud waren 1877 bereits 288000 ha Weinberge völlig zerstört, 1878 schon 373000 ha, gleich einem Fünftel der Gesamtfläche; außerdem waren 250000 ha mehr oder weniger ergriffen.

Wenn das Übel in gleicher Weise fortschreitet, sind in fünf Jahren die Hälfte, in fünfzehn Jahren sämtliche französische Weinberge zerstört.

Es wurde bereits 1877 der jährliche Verlust des französischen Weinbaues auf 60 Millionen Mark berechnet.

Paul Leroy-Beaulieu kann solchen Thatsachen gegenüber Übertreibung nicht vorgeworfen werden, wenn er sagt: „Wenn man im Jahre 1870 hätte behaupten wollen, daß ein jämmerliches kleines Insekt von jenseit des Meeres gekommen Frankreich einen eben so bedeutenden, ja bedeutenderen pekuniären Schaden verursachen würde, als die an Deutschland gezahlte Kriegskostenentschädigung betrug, so würde man allgemein gegen eine solche Prophezeiung als pessimistisch ja als vollständig unsinnig protestiert haben; es überstieg auch wahrlich alle Wahrscheinlichkeit; und trotzdem ist es wahr oder wenigstens wird es wahr."

Das Tierchen, welches so das Glück und den Wohlstand unzähliger Menschen bedroht, ist der Gegenstand eingehender Untersuchungen geworden. Die Lebensweise desselben zeigt jedoch so verwickelte Erscheinungen, daß auch heutigen Tages seine Naturgeschichte noch nicht völlig klar gelegt ist. Die Reblaus gehört in die Klasse der Insekten zur Ordnung der Schnabelkerfe; sie steht den Wanzen, Schildläusen und Blattläusen nahe, unterscheidet sich aber in vieler Hinsicht bedeutend von diesen; sie kommt in mehreren ganz verschiedenen Formen zur Beobachtung.

1. **Die ungeflügelte unterirdische Form***) (Fig. 68) lebt an den feineren Wurzeln des Weinstockes; sie sticht die Wurzel an (Fig. 69) und saugt den Saft derselben; sie mißt im erwachsenen Zustande etwa $^3/_4$ mm in der Länge, ist

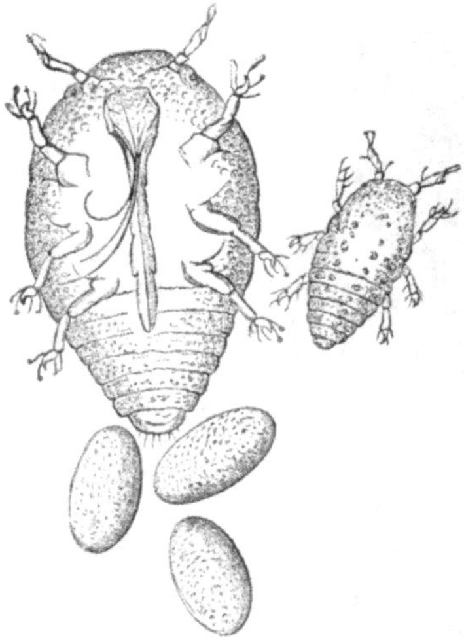

Fig. 68. Ausgewachsene, ungeflügelte Reblaus von der Bauchseite, daneben ein 3 Tage altes Junge von der Rückenseite sowie 3 Eier (vergrößert).

Fig. 69. Noch nicht ganz ausgewachsene Reblaus an einer Wurzel saugend (vergrößert).

länglich eiförmig, nach hinten etwas zugespitzt, von bräunlich gelber Farbe; am Kopfe besitzt sie zwei Augen, welche aus je drei roten Zellen zusammengesetzt sind. Die Fühler bestehen aus zwei kürzeren und einem längeren Gliede; an der Bauchseite findet sich auf Brust und Bauch niedergeklappt der Saugrüssel (Fig. 68), innerhalb dessen drei feine lange

---

*) Die Holzschnitte sind nach Zeichnungen von Hrn. Professor Rösler aus dem „Östreich. landwirtschaftl. Wochenblatt 1875“.

Borsten liegen, welche das Tier in das saftige Zellgewebe der feinen Wurzeln einsenkt, indem es sich mit seinen drei Fußpaaren festhält.

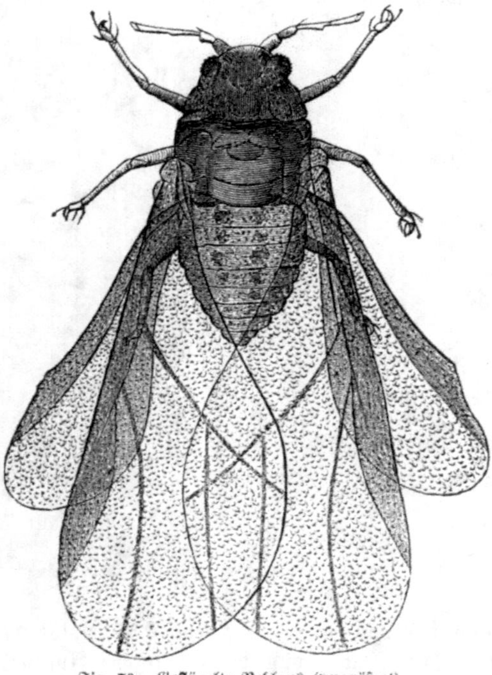

Fig. 70. Geflügelte Reblaus (vergrößert).

Diese ungeflügelten unterirdischen Rebläuse sind Weibchen, welche ohne sich zu paaren an die feinen Würzelchen 30—40 gelbe Eier legen; aus denselben kommen nach 7—8 Tagen Junge, welche in der Nähe sich einbohren, bei der reichlichen Ernährung wachsen, sich dreimal häuten und endlich im Alter von etwa drei Wochen wiederum Eier legen, wie ihre Mutter;

dies wiederholt sich den Sommer hindurch oder von Mai bis November in 5—8 Generationen. Die Fruchtbarkeit ist also eine so unermeßliche, daß in einem Jahre ein Tier über 600 Milliarden Nachkommen hätte, falls alle Eier auskämen.

Im Oktober erscheint an den Wurzeln eine andere Form der Reblaus mit verkümmerten Saugwerkzeugen; diese legt nur ein einziges großes sogenanntes Winterei.

2. Die geflügelte Form (Fig. 70). Im Nachsommer erscheinen unter den unzähligen flügellosen Tieren auch solche, welche mit Flügelstummeln versehen sind, sogenannte Nymphen. Sie sind länger gestreckt und schlanker als die übrigen, haben kleineren Kopf, deutlich abgegrenzten Brustteil, das dritte Fühlerglied ist länger; sie finden sich mehr an den oberen Wurzeln, bisweilen selbst über dem Boden unter der Rinde des Stammes. Nach nochmaliger Häutung gehen aus ihnen die geflügelten Insekten mit vier langen, durchsichtigen, am Außenrande etwas dunkleren Flügeln hervor. Die Flügel tragen sie in der Ruhe wagrecht; vor Sonnenuntergang erheben sie sich in die Luft und werden in förmlichen Schwärmen über den Gipfeln der Weinstöcke beobachtet. Ihre Flugkraft ist keine große, ihre weitere Verbreitung wird wesentlich durch den Wind geschehen.

Die geflügelten Tiere sind sämtlich Weibchen, sie legen, ohne sich zu paaren, an die zarten jungen Weinblätter oder in den Flaum der Knospen, jedes 3—4 Eier und zwar von zweierlei Größe. Aus den größeren, 0,40 mm langen, gelblich weißen, später intensiver gelben kommen wahrscheinlich Weibchen, aus den kleineren, nur 0,26 mm langen, Männchen. Männchen wie Weibchen sind mit verkümmerten Mundteilen versehen. Nach der Paarung legen die Weibchen ein einziges großes Ei, das wahrscheinlich erst im folgenden Frühjahr sich entwickelt, also wiederum ein Winterei ist. Die Wintereier liefern, wie es scheint, die Stammütter für die ganze Nachkommenschaft des folgenden Jahres.

Endlich findet sich eine in Amerika sehr häufig, in Europa nur höchst selten beobachtete Form, welche im Frühjahre an den Blättern des Weinstockes sogenannte Gallen erzeugt; das Tier setzt sich an dem Blatte fest, sticht es an und saugt Saft daraus; durch die Reizung bildet sich eine Anschwellung, in welche das Tier dann seine Eier legt. Diese Gallen sind nicht mit anderen nicht selten an Weinstöcken vorkommenden zu verwechseln, welche durch andere Schmarotzer entstehen. Die Reblaus-Gallen finden sich immer nach der unteren Blattseite zu entwickelt.

Die Gallen bildende Reblausform soll dieselbe sein, wie die ungeflügelten an den Wurzeln.

Manche Fragen sind noch offen und harren noch der Lösung durch wissenschaftliche Untersuchung, Fragen, welche für die Unterdrückungsmaßregeln von Bedeutung sind; so ist die Frage von Wichtigkeit, ob die Reblaus sich für lange Zeit nur durch ungeschlechtliche Vermehrung zu erhalten vermag, oder ob eine Erschöpfung eintritt, falls die Erneuerung der Generation durch Geschlechtstiere unmöglich gemacht wird, und ähnliche mehr.

Leider sind derartige Untersuchungen, welche unter den einfachsten Vorsichtsmaßregeln leicht ohne jeden Nachteil in nicht Weinbau treibenden Gegenden, wie die Provinz Schleswig-Holstein z. B. sich ausführen ließen, von den betreffenden Behörden untersagt worden; nur durch solche Untersuchungen würden auch voraussichtlich zweckmäßige und wirklich ausführbare Maßregeln zur Unterdrückung des Insektes gefunden werden.

Betrachten wir nun die Wirkungen der Reblaus auf den Weinstock, so finden wir, daß nicht sofort die Folgen auftreten, sondern meist erst im zweiten Jahre; daraus erklärt sich die Beobachtung, daß immer bereits ein größeres Gebiet behaftet gefunden wird, wenn die Folgen zu Tage treten.

Untersucht man im Beginn der Erkrankung befindliche Stöcke, so findet man, daß an den Enden der feineren Wurzeln oder auch vor den Endspitzen länglich runde oder spindelförmige Anschwellungen von anfangs gelblicher, später bräunlicher Farbe auftreten. Diese Anschwellungen — Nodositäten — welche durch den größeren Saftzufluß nach den vom Insekt angestochenen Stellen entstehen, sind das sicherste und leichteste Kennzeichen, daß ein Weinstock von der Reblaus befallen ist. Jedoch finden sich diese Anschwellungen am meisten im Frühjahre und Vorsommer, während sie später undeutlicher werden; sie faulen dann ab und zerfallen oder trocknen ein.

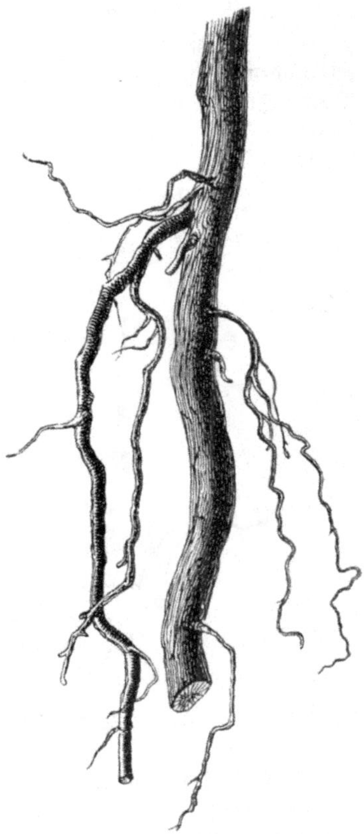

Fig. 71. Gesunde Wurzel des Weinstockes mit Seitenwürzelchen.

Beistehende zwei Abbildungen (Fig. 71 u. 72) zeigen zum Vergleiche eine gesunde Wurzel mit feineren Seitenwurzeln und eine mit Anschwellungen besetzte von der Reblaus befallene.

Bei schon länger erkrankten Stöcken findet man meist keine Anschwellungen mehr, weil eben die Würzelchen verfault sind. Die Insekten haben sich auf die dickeren Wurzeln zurückgezogen, welche nun auch angefault sind. Beistehende Abbildungen (Fig. 73 u. 74) zeigen zum Vergleiche gesunde und kranke Hauptwurzeln.

Fig. 72. Charakteristische Anschwellungen an den Faserwurzeln.

Die ihrer feinen Wurzeln und damit ihrer Ernährungsorgane beraubten Stöcke kränkeln, ihre Blätter werden frühzeitig, bisweilen schon im Juni und Juli gelb, vertrocknen und fallen bald ab; ihre Triebe bleiben kurz und schwach, die wenigen Trauben, welche sie tragen, reifen schwer und haben wenig Gehalt.

Die Weinberge zeigen im großen ein charakteristisches Verhalten; zuerst bemerkt man mitten in einem Weinberge einzelne rundliche Stellen, an denen die Blätter früher gelb werden und abfallen als in der Umgebung; im nächsten Frühjahr bleiben die Stöcke dieser Stelle meist deutlich zurück, ihre Trauben reifen nicht, ihre Umgebung aber zeigt das frühe Gelbwerden, wie die ersteren im Sommer vorher. So schreitet das Übel kreisförmig fort; oder die Ausbreitung ähnelt nach dem Vergleiche eines französischen Beobachters der Ausbreitung eines Öltropfens auf einem Blatte Papier. Bald aber treten sprungweise zahlreiche Erkrankungsherde in der Entfernung auf, welche durch geflügelte Tiere veranlaßt wurden; endlich berühren sich die verschiedenen Herde und der ganze Weinberg oder eine ganze Gegend ist vollkommen verseucht.

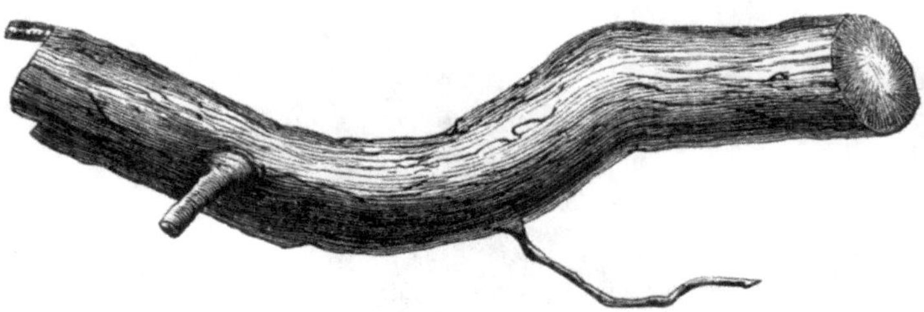

Fig. 73. Gesunde Hauptwurzel.

Selbstverständlich hat man frühzeitig nach Mitteln der Abwehr gesucht. Unzweifelhaft fest steht, daß ein Aufhören der Krankheit aussichtslos ist, so lange ein Weinstock noch lebend vorhanden ist. Einzelne Weinberge zeigten allerdings zeitweilig Besserung durch besondere atmosphärische oder andere Bedingungen begünstigt, gesundet aber ist nie einer von selbst.

Bei der enormen volkswirtschaftlichen Bedeutung, welche die Krankheit für Frankreich hat, setzten die französischen Kammern 1873 eine Nationalbelohnung von 300000 Franks

Fig. 74. Kranke Hauptwurzel.

für denjenigen aus, welcher ein Mittel finden würde, das Insekt völlig zu unterdrücken. Unzählige Mittel wurden empfohlen, oft lächerliche; die Nationalbelohnung ist noch nicht erhoben; nur ein sicheres, aber leider nur an wenigen Orten und unter besonderen Verhältnissen anwendbares Mittel wurde von Faucon, einem einfachen Ackerbauer, entdeckt. Ein vollständiges und 40 Tage dauerndes Unterwassersetzen vernichtet die Reblaus; doch darf der Boden nicht zu durchlässig sein, zudem ist viel Wasser nötig.

Nach Oberst Meinadier werden in Frankreich im ganzen 2837 ha Weinberge unter Wasser gesetzt.

Unter den verschiedenen anderen Mittel, welche gegen den winzigen tückischen Feind vorgeschlagen sind, befinden sich manche unzweifelhaft wirksame, doch sind sie meist entweder zu teuer oder ihre Anwendung mit zu vielen Schwierigkeiten verknüpft.

Es hat sich ergeben, daß die amerikanischen Reben weit widerstandsfähiger gegen die Wirkungen der Reblaus sind, als die europäischen; man hat deshalb ihren Anbau empfohlen; es sind in Folge dessen in Frankreich bereits 1356 ha mit amerikanischen Reben bepflanzt.

Doch hat sich auch dies Mittel nicht allenthalben bewährt, außerdem sollen die amerikanischen Reben dem Weine der französischen Pfropfreiser herbe Eigenschaften verleihen.

In neuester Zeit hat Fr. A. Lavalée, Schatzmeister der Société centrale d'horticulture de France, die Beobachtung gemacht, daß asiatische Reben von der Reblaus gemieden werden. Mad. Pouset, die Besitzerin der Weinberge von Laude de Pomerol, hat Versuche methodisch durchgeführt und die Angabe bestätigt gefunden. Zum Ersatz der alten Reben werden besonders folgende drei Arten empfohlen: Ampelopsis aconitifolia aus dem nördlichen China, Vitis heterophylla und Vitis inconstans aus Japan. Diese lianenartigen Reben sollen dem Wein der Pfropfreiser keine unangenehmen Eigenschaften verleihen.

Endlich hat Professor Hagen in Cambridge, Vereinigte Staaten, empfohlen gegen den Schmarotzer einen anderen Schmarotzer zu Hilfe zu rufen; er rät mit Bierhefe gegen dieselben vorzugehen. Er stellte mit dem Kartoffelkäfer (Koloradokäfer) Versuche an; von 50 solchen Käfern, die mit Bierhefe bespritzt wurden, überlebte keiner den zwölften Tag, während von 50 nicht bespritzten, welche sonst ganz gleich wie jene gehalten wurden, nach zwölf Tagen nur 3 gestorben waren. In den Bluträumen der mit Bierhefe behandelten fanden sich Pilze entwickelt.

Bis jetzt haben sich im Konsum von französischen Weinen die Folgen der Reblaus noch nicht geltend gemacht, da in den letzten zehn Jahren in seither nicht den Weinbau übenden Gegenden Frankreichs neue Weinberge angelegt wurden; dann hat mehr und mehr die künstliche Weinfabrikation besonders aus trockenen Trauben zugenommen, welche aus Griechenland und Kleinasien bezogen werden. Leroy-Beaulieu kommt jedoch zu dem Schlusse, daß in zehn Jahren in Europa der Wein viel teurer als jetzt sein wird, wenigstens der vom Weinstock stammende.

Hoffen wir aber, daß dem vereinten Streben es gelingen wird, das Übel zu unterdrücken oder derart in Schranken zu halten, daß der düstere Schluß, zu dem die Phylloxera-Konferenz gekommen ist, nie Wahrheit werden wird, daß die Folgen der Rebkrankheit der Ruin, die Verödung und die Demoralisation in gewissen Gegenden, die Entartung der menschlichen Rasse in bestimmten Ländern sein würden.

Pflanzliche Schmarotzer der Pflanzen.

Ungemein zahlreich sind die Schmarotzer der Pflanzen, welche dem Pflanzenreiche angehören; die Mehrzahl derselben finden wir unter den Kryptogamen, nur wenige gehören zu den Phanerogamen. Die letzteren sind auf wenige Gruppen beschränkt, von denen das Leinblatt (Thesium), die Flachsseide (Cuscuta), der Würger (Orobanche), die Mistel (Viscum) genannt sein mögen. Unter ihnen findet sich auch die größte bekannte Blume, die Rafflesia, deren Blüte gegen 1 m im Durchmesser groß, 10—15 Pfd. schwer ist; sie lebt als Wurzelschmarotzer auf einer Schlingpflanze in Sumatra. Die phanerogamen Schmarotzer besitzen bald am Stengel, bald an der Wurzel eigentümlich gebaute bisweilen Nebenwurzeln vergleichbare Organe, Saugwarzen (Haustorien); durch sie entziehen sie dem Wirte die zu ihrem Wachstume nötige Nahrung. Die Saugwarzen legen sich an die Wurzeln oder Stengel andrer Pflanzen an und dringen unter Zerstörung der Rinde direkt an die Gefäßbündel. Da sie durchaus auf eine Nährpflanze angewiesen sind, gelingt ihre Kultur nicht in Töpfen, ohne solche Nährpflanzen mit zu erziehen; ihre Kultur war deshalb eine unlösbare Aufgabe für die Gärtner, bis man ihre schmarotzende Lebensweise erkannt hatte.

Die Mistel

(Viscum album),

ein immer grüner bis etwa ½ m hoher Strauch mit lederartigen blaßgelblich grünen Blättern; in den gabelförmig zweispaltig verzweigten Ästen entstehen im März oder April 3—5 unscheinbare Blüten; die der männlichen Pflanze mit 4 Staubfäden, die der weiblichen mit sitzender stumpfer Narbe, aus dieser gehen erbsengroße weißliche Beeren hervor. Die Beeren werden im Winter von Drosseln (Misteldrossel) und anderen Vögeln gefressen und die Samen mit dem Kote oder durch Hängenbleiben am Schnabel weiter verbreitet. Durch den zähschleimigen Saft der Beere werden sie an Ästen festgeklebt, keimen im Frühjahre, ihr Keim dringt vom Lichte abgewandt durch die Rinde in das Holz des Baumes, entzieht dem

Baume die entsprechende Menge Nahrung, so daß derselbe bei zahlreichen Schmarotzern endlich erschöpft zu Grunde geht.

Die Mistel wohnt fast auf allen bei uns vorkommenden Bäumen, am häufigsten auf der Weißtanne, häufig auch auf Apfel- und Birnbäumen, sehr selten oder nie auf Wallnußbäumen.

Aus den Beeren der Mistel macht man Vogelleim. Die auf Tannen wachsenden Misteln sollen von den Kühen sehr gerne gefressen werden; die Milchergiebigkeit soll dadurch vermehrt und der Butter eine schön gelbe Farbe gegeben werden; die auf Apfel- und Birnbäumen wachsenden sollen nicht gut für Kühe, wohl aber für Ziegen und Schafe ein gutes Futter sein.

In der altgermanischen Götterlehre spielte die Mistel bekanntlich eine Rolle. An des Gottes Baldur Leben war der Götter Glück gebunden. Da geweissagt war, er werde durch eine Pflanze sein Leben verlieren, nahm seine Mutter Frigg alle Pflanzen in eidliche Pflicht, ihr kein Leid zu thun, nur die unbedeutende Mistel vergaß sie. Die Götter schossen und warfen zur Probe nach Baldur, doch erwies er sich unverletzlich; aber der böse Loki gab dem blinden Hödur eine Mistel als Wurfgeschoß; er traf und tötete den Baldur.

Die Flachsseide

(Kleeseide, Teufelszwirn, Cuscuta).

Einer der schlimmsten Feinde der Landwirtschaft ist in Deutschland der Teufelszwirn; er ist in fünf Arten bei uns vertreten. Der Schmarotzer umfaßt mit seinen windenden Stengeln die Pflanzenstengel; an seiner gegen die Nährpflanze gekehrten Seite entwickeln sich die Saugwarzen, als zahlreiche reihenweise stehende Zäpfchen; sie dringen durch die Rinde der Pflanzen ein und legen sich pinselartig auswachsend an den Holzkörper an; die Nährpflanzen erliegen an hunderten von Stellen zugleich ausgesogen endlich schwindsüchtig dem Schmarotzer.

Der Schutz gegen diesen schädlichen Gast ergibt sich aus der Entwicklung desselben.

Aus dem Samen nämlich entwickelt sich zuerst das Würzelchen. Die Stengelspitze des Keimlings bleibt so lange von der Samenschale umschlossen, bis das Eiweiß verzehrt ist; dann streckt sich die Stengelspitze, während die Wurzelspitze bald abstirbt. Findet die Stengelspitze nicht bald eine passende Pflanze, so zehrt das Pflänzchen sich selbst auf; begegnet ihm aber ein geeignetes Gewächs, so schlingt der Schmarotzer an ihm sich hinauf und entwickelt seine ersten Saugwärzchen.

Um also den Teufelszwirn an einem befallenen Orte auszurotten, muß man zwei bis vier Jahre lang nur solche Pflanzen anbauen, welche keine geeigneten Nährpflanzen des Schmarotzers sind.

Sodann muß sorgfältig das Saatgut von den Samen freigehalten werden. Siebe, bei welchen genau 22 Maschen auf 7 qcm gehen, halten den Rotkleesamen fest und lassen den Samen des Schmarotzers durchfallen.

Sommerwurz, Würger

(Orobanche).

Sehr zahlreiche Arten dieses Schmarotzers kommen in Deutschland auf etwa 120 Pflanzenarten vor. Es sind Pflanzen, welche auf den Wurzeln anderer schmarotzen, statt der Blätter blattartige braune Schuppen tragen, mit rachenförmigen Blüten. Ihr Schaden ist zum Teile sehr groß. So wird der Schaden, welchen die Hanftod genannte Art im Großherzogtum Baden anstiftet, in manchen Jahren auf 80000 Mark geschätzt. Andere Arten richten enormen Schaden an Klee und besonders an Hülsenfrüchten an, indem sie die Nährpflanzen durch Säfteentziehung vernichten.

Für ihre Vertilgung gilt im allgemeinen, das bei der Flachsseide Gesagte.

Weit wichtiger noch als die phanerogamen Schmarotzer sind die kryptogamen; unendlich ist ihre Zahl und ihre Verbreitung. Ihre Wirkungen, obschon noch nicht völlig abzuschätzen, sind doch schon jetzt als gewaltig zu bezeichnen. Man wird kaum zu weit gehen, wenn man die Krankheiten der Pflanzen, besonders der Kulturpflanzen größtenteils auf sie zurückführt. Allerdings hat auch die Anschauung Vertreter, welche dahin geht, daß die Schmarotzer sich erst auf kränkelnden Pflanzen einfinden, auf ihnen erst zum Gedeihen kommen, daher nur als ein zufälliges Hinzutreten aufzufassen seien. Letztere Anschauung wird wohl mehr und mehr weichen müssen.

Ich erwähne nur der durch niedere Pilze bedingten Krankheiten der Pflanzen, welche als Rost bezeichnet werden, dann des Mehltaues, dessen meiste Formen ebenfalls durch Pilze hervorgerufen werden.

Doch auch hier ist Beschränkung auf eine kleine Zahl von Beispielen unerläßlich. (S. auch S. 116 Getreiderost.)

Die Kartoffelkrankheit.

Von den verschiedenen Krankheiten der Kartoffel ist die eigentliche Kartoffelkrankheit die wichtigste. Sie trat in Deutschland schon 1830 vereinzelt auf, in dem feuchten Jahre 1845 aber in so großer Verbreitung durch ganz Europa, daß es schien, als müsse der Anbau dieser Kulturpflanze ganz aufgegeben werden.

Das Kraut zeigt zuerst, besonders im Juli und August, vereinzelt auch schon früher, gelbliche Flecke mit weißlichem Rande; sie werden bald braun, dann schwarz wie bei plötzlichem Froste; bei ausgebildeter Krankheit wird schnell das ganze Blatt schwarz, bei feuchtwarmem Wetter geht so bisweilen in wenigen Tagen das Kraut ganzer Felder zu Grunde. Solche erkrankte Felder erzeugen einen eigentümlichen widerwärtigen Geruch. Dem Absterben des Krautes folgt die Erkrankung der jungen Knollen; sie beginnt mit bräunlicher Verfärbung einzelner Teile der Knollen unter der Schale, schreitet zugleich an der Oberfläche und in die Tiefe fort; dadurch wird bei feucht liegenden Knollen die sogenannte nasse Fäule, bei trocken liegenden die trockene Fäule bedingt; in ersterem Falle wird die Knolle dadurch in eine bräunliche jauchig stinkende Masse umgewandelt, in letzterem Falle wird die Fleischmasse bröcklich rissig und bleibt beim Kochen hart.

Als Ursache dieser Krankheit ist ein Pilz, Peronospora infestans, erkannt.

Die Keime des Pilzes gelangen mit den Knollen in den Boden, wachsen in der Wärme mit den Knospen der Kartoffeln aus und steigen in die jungen Triebe hinauf bis in die Blätter, die Pilzwucherungen durchbrechen die Blätter nach der Unterseite, erzeugen daselbst neue Pilzkeime, Sporen, welche teils zu Boden fallen und bei feuchtem Boden die Knollen anstecken, teils durch die Luft vom Winde weiter verbreitet auf dem Kraute anderer Kartoffelpflanzen keimen, auch diese zerstören. Die Pilzsporen überwintern in den Knollen.

Die Kartoffelkrankheit ist von so nachteiligem volkswirtschaftlichem Einflusse, daß man aufs eifrigste Mittel suchte, ihren Ausbruch zu verhindern oder sie zu unterdrücken, wenn sie einmal ausgebrochen ist.

Da sie durch Feuchtigkeit gefördert wird, Trockenheit ihre Entwicklung und Ausbreitung hemmt, so ist ein trockner, sonniger, luftiger Boden für den Anbau der Kartoffel zu wählen.

Die Pflanzkartoffeln sind sorgfältig auszuwählen, kranke

auszuscheiden, wo möglich vor dem Pflanzen in warmer, trockener Luft anzutreiben; wo die Krankheit auftritt, kann starkes Kalken die ausgestreuten Sporen vernichten und die Knollen vor der Ansteckung schützen.

Dickschalige Arten werden von der Krankheit weniger befallen.

Die Traubenkrankheit

wurde zuerst 1845 in England von einem Gärtner Tucker entdeckt, 1847 fand Berkeley den sie verursachenden Pilz und nannte ihn Oidium Tuckeri, jetzt heißt er Erysiphe Tuckeri. Die Krankheit verbreitete sich von England über Frankreich nach Italien und Deutschland und trat in Süddeutschland 1851 auf; auch Griechenland hat sie heimgesucht; in Madeira hat sie die Rebenkultur völlig vernichtet; erst neuerdings hat man dort wieder Weinberge angelegt.

Der Traubenpilz gehört zu den Mehltaupilzen; sie überziehen die lebenden grünen Pflanzenteile mit einem filzigen weißen Gewebe, dessen Fäden in die Oberhautzellen der Pflanzenteile eindringen, um daraus ihre Nahrung zu saugen.

Die Krankheit zeigt sich zuerst auf Blättern und Zweigen des Weinstockes als mehlartiger Überzug, die Teile verfärben sich, werden braun und sterben ab; dann greift der Pilz auch auf die jungen Beeren über, die Oberhaut wird braun, stirbt ab und kann dem Wachstum des Innern nicht mehr folgen; sie reißt deshalb ein, worauf Absterben und Fäulnis der Beere folgt. Der Pilzüberzug bildet sehr rasch reichliche Keime, dadurch breitet sich die Krankheit weiter aus.

Feuchte und warme Witterung begünstigt die Krankheit, deshalb ist sie in Gegenden mit regelmäßigen reichlichen Niederschlägen häufiger als an trocken und hoch gelegenen Teilen.

Manche Sorten wie Rießlinge und Traminer sind weit widerstandsfähiger als andere, wie Muskateller und verwandte Sorten.

Ein wirksames Mittel gegen den Traubenpilz hat man in dem Schwefel entdeckt; die Reben werden dreimal, nämlich kurz vor, kurz nach der Blüte und im August während des Morgentaues mit dem staubförmigen Schwefel, sogenannter Schwefelblume, eingepudert.

Schlußwort.

So haben wir nun in einem Streifzuge durch das ganze große Gebiet gesehen, welch ein Reichtum der Erscheinungsformen und welch bunte Mannigfaltigkeit der Entwicklung und der Lebensvorgänge sich hier bieten. Es ergaben sich zugleich noch große Lücken in der Entwicklungsgeschichte, die dem Wissens- und Forschungsdrange noch große Aufgaben offen lassen. Es sind zum Teile Aufgaben von der größten Bedeutung für den Menschen, die noch ihrer Lösung harren und die durch neue Untersuchungen auf Grundlage unserer jetzt gewonnenen Einsicht gelöst werden müssen.

Um nur ein Beispiel zu nennen, führe ich die Leberfäule der Wiederkäuer an; wir haben gesehen (S. 127), wie enorme Verluste die Landwirtschaft durch diese Schmarotzerkrankheit erleidet. Noch aber kennen wir nicht sicher die Zwischenwirte, welche den Wiederkäuern den verderblichen Feind erziehen. Wenn wir nun sehen, daß z. B. in den Marschen durch die Leberfäule eine Schafherde dezimiert wird, welche außerhalb des Deiches geweidet wird, während eine andere binnendeichs gehütete Herde davon frei bleibt, so müßte eine genaue Sammlung der auf dem einen wie anderen Gebiete lebenden Schnecken und anderen niederen Tieren durch die auf letzterem Gebiete fehlenden Formen Aufschluß geben, in welchen man die Träger der Schmarotzerbrut zu vermuten hätte; durch ihre Ausrottung würde es dann voraussichtlich gelingen, auch die Schmarotzer aussterben zu lassen, da ihnen der für ihre Entwicklung unentbehrliche Zwischenwirt entzogen wäre. Eine genaue mikroskopische Untersuchung zahlreicher Exemplare der als Zwischenwirte verdächtigen Geschöpfe könnte durch Auffinden der Leberegelbrut volle Sicherheit gewähren. Daß sich auf Grund solcher naturwissenschaftlicher Untersuchungen wirklich sehr bedeutende Erfolge erzielen lassen würden, kann keinem Zweifel unterliegen. Aber auch auf Grund unserer gegenwärtigen Kenntnisse läßt sich sehr viel erreichen. Es wäre durch einen solchen Vernichtungskrieg gegen diese kleinen Feinde eine Unsumme von Leben und Gesundheit zu retten, große materielle Verluste könnten besonders der Landwirtschaft erspart bleiben.

Es ist geglückt, die reißenden Tiere in Deutschland völlig auszurotten, obwohl unser Vaterland rings von solchen Ländern umgeben ist, in welchem sie noch zum Teile in großen Mengen hausen; nur selten wechselt in besonders strengen Wintern ein Wolf aus den Ardennen oder Vogesen zu uns herüber, um bald der allgemeinen Verfolgung zu erliegen.

Wenig Hoffnung ist vorhanden, daß eben so gründlich je mit den Schmarotzern wird aufgeräumt werden; und doch sind die Verluste, welche die reißenden Tiere dem Menschen an Gesundheit und Leben, wie an seinem Eigentum zufügen, geringfügig gegenüber den Wirkungen der Schmarotzer. Diese entziehen sich eben durch ihr verborgenes Dasein, durch die Kleinheit ihrer Brut und Keime der direkten Beobachtung wie Bekämpfung. ließen Trotzdem sie sich durch geeignete Maßnahmen sehr vermindern, ja einzelne von ihnen könnten unzweifelhaft völlig vertilgt werden.

Die Maßregeln, welche hierzu ergriffen werden müssen,

sind zum Teil keine anderen, als schon durch die Regeln des Anstandes und einer vernünftigen Lebensweise vorgeschrieben werden sollten; es ist vor allem die strengste Reinlichkeit am eigenen Körper, strenge Reinlichkeit in Bezug auf Kleidung und Haus und doppelt strenge Reinlichkeit in Speisen und Getränken. Dazu kommt noch als unerläßliche Maßregel, alle Speise, welche die Keime der Schmarotzer erfahrungsmäßig zu übertragen vermögen, nur in genügend der Hitze ausgesetztem Zustande zu genießen. Der Mensch unterscheidet sich vom Tiere in ganz besonderer Weise dadurch gerade, daß er allein seine Speisen durch Hitze zubereitet. Wer blutiges Fleisch genießt, begibt sich dieses Unterschiedes. Abgesehen von den Schmarotzern aber rächt sich noch durch andere Gefahren nicht selten der halbe Kannibalismus, der sich durch das Schwelgen im blutigen Fleische der Opfer offenbart.

„Lieber wollte ich nicht leben," hört man nicht selten den Forderungen einer vernünftigen Lebensweise gegenüber, „als ängstlich und in Sorgen immerwährend solcher Gefahren eingedenk sein zu sollen."

Wer so denkt und spricht, gleicht dem Vogel Strauß, der den Kopf in den Busch steckt, um die Gefahr nicht zu sehen. Nicht ängstlich und sorgenvoll soll man leben, sondern sorgsam das Richtige thun; es ist zwischen beidem derselbe Unterschied, wie zwischen sparsam und geizig. Die Regeln einer vernünftigen Lebensweise sollen so in Fleisch und Blut übergehen, daß ohne daran zu denken man darnach lebt. Dann wird vermieden werden, daß der Mensch nach Dr. Martin Luthers kräftigem Ausdruck zu einem „Madensack" wird.

Werfen wir zum Schlusse noch einmal einen Blick auf die Erscheinungsform des Parasitismus im allgemeinen, so finden wir, daß die parasitische Lebensweise keine einer be=

sonderen Tierklasse zukommende Eigenschaft ist, daß vielmehr aus allen Tierklassen neben freilebenden schmarotzende vorkommen; nicht nur von ganz nahen Verwandten leben die einen schmarotzend, die anderen frei, sogar von derselben Art schmarotzt das Weibchen, während das Männchen ein freies Leben führt, oder endlich es kann sogar der eine Gatte bei dem andern schmarotzen, wie das Beispiel des Bonellia viridis zeigt. Das Männchen dieses im mittelländischen Meere lebenden Tieres bewohnt nämlich in der Jugend die Speiseröhre der jungen Weibchen, im Alter der erwachsenen Weibchen Fruchthalter.

So lassen sich keine scharfen Grenzen ziehen, wie wir es theoretisch der Übersichtlichkeit wegen thun.

Alphabetisches Inhaltsverzeichnis.

Die Naturkräfte.

Eine naturwissenschaftliche Volksbibliothek.

Erscheint in Bänden von je drei Lieferungen.

Jeder Band ist einzeln verkäuflich.

Preis einer Lieferung 1 Mark.

Preis eines Bandes broschiert 3 Mark.

Preis eines Bandes elegant gebunden 4 Mark.

München und **Leipzig.**

Druck und Verlag von R. Oldenbourg.

Behördliche Empfehlungen und Belobungen

des Werkes

Die Naturkräfte.

Eine naturwissenschaftliche Volksbibliothek.

Großherzoglich badischer Oberschulrat. 13. Juni 1873.

„Als geeignetes Lehrmittel zur Anschaffung für die Bibliotheken der Mittelschulen wird empfohlen: ‚Die Naturkräfte‘ ꝛc.“

Königlich bayerisches Kultusministerium. 24. November 1873.

„Im Verlage der R. Oldenbourgschen Verlagsbuchhandlung in München ist unter dem Titel ‚Die Naturkräfte‘ ꝛc. eine naturwissenschaftliche Volksbibliothek erschienen, welche nach den hierüber erholten fachmännischen Gutachten zur Anschaffung für die Schülerbibliotheken der k. Gewerbschulen, Real- und humanistischen Gymnasien ganz vorzüglich geeignet ist.

Den Schulbehörden wird daher die Anschaffung dieses Werkes für die Schülerbibliotheken anempfohlen.“

Königlich bayerisches Staatsministerium des Innern. 11. Januar 1875.

„.... Diese von namhaften Fachmännern verfaßten Schriften dürften sich zur Aufnahme in Bibliotheken der Kreis- und Bezirks-comités des landwirtschaftlichen Vereins, dann in landwirtschaftlichen Ortsbibliotheken eignen ꝛc."

Kaiserlich königlich österreichisches Ministerium für Kultus und Unterricht. 28. Juni 1870.

„Über Ihre Eingabe vom 17. Juni d. J. habe ich mich bestimmt gefunden, mittels einer Kundmachung in dem Verordnungsblatte für den Dienstbereich des k. k. Ministeriums für Kultus und Unterricht auf das in Ihrem Verlage erscheinende Werk ‚Die Naturkräfte' die Mittelschulen und Lehrerbildungsanstalten zum Zwecke allfälliger Anschaffung für die Bibliotheken aufmerksam zu machen."

Königlich sächsisches Kultusministerium. 21. November 1874.

„Auf Ihr Gesuch um Empfehlung des in Ihrem Verlage erschienenen Werkes ‚Die Naturkräfte' läßt Ihnen das k. Ministerium des Kultus und öffentlichen Unterrichts erwidern, daß das erwähnte Unternehmen bereits den sächsischen Lehrern hinreichend und auch von vorteilhafter Seite bekannt sein dürfte und daß eben deshalb eine besondere Empfehlung nicht notwendig erscheine."

Königlich württembergische Kultusministerialabteilung für Gelehrten- und Realschulen. 16. Juli 1874.

„.... Die ergebenst unterzeichnete Stelle ist beauftragt worden, Ihnen Namens der Ministerialabteilung zu erwidern, daß die angestellte Durchsicht derjenigen Teile Ihres Werkes, welche dem betreffenden Referenten nicht schon vorher bekannt waren, das allgemeine Urteil über die Verdienstlichkeit Ihres Unternehmens und die Gediegenheit der Bearbeitung der einzelnen Teile der Naturwissenschaften nach ihrem heutigen Stande von neuem bewährt habe. Wenn demungeachtet die Ministerialabteilung von einer eigentlichen Empfehlung des Werkes zur Anschaffung für die Bibliotheken der höheren Lehranstalten Abstand nehmen zu sollen geglaubt hat, so hat sie dazu lediglich der Umstand bestimmt, daß das Werk überall schon so rühmlich bekannt ist, daß eine besondere Empfehlung überflüssig erscheint. Es wird aber, wie bisher, jeder Antrag auf Anschaffung des Werkes oder einzelner Teile desselben für die Schulbibliotheken von Aufsichtswegen genehmigt werden, und wenn Ew. Wohlgeboren einen Wert darauf legen, bei etwaigen öffentlichen Ankündigungen hierauf Bezug zu nehmen, so will Sie die Ministerialabteilung hierzu ermächtigt haben."

Gezeichnet das Sekretariat.

Urteile der Presse über das Werk

Die Naturkräfte.

Eine naturwissenschaftliche Volksbibliothek.

Aus der großen Zahl von anerkennenden Besprechungen des ganzen Unternehmens, welche der Verlagsbuchhandlung vorliegen, veröffentlicht dieselbe nachstehend auszugsweise eine Blumenlese. Ein flüchtiger Überblick derselben dürfte überzeugend darthun, daß das fachmännische Urteil, seien die Blätter, in denen es sich ausspricht, politische Zeitungen, belletristische, naturwissenschaftliche, pädagogische oder technische Zeitschriften, darin übereinstimmt, daß das Unternehmen ein bedeutendes und wohlgelungenes sei. Diese Allseitigkeit des Lobes erfüllt die Verlagshandlung mit der freudigen Genugthuung, das Ziel erreicht zu haben, das sie sich gesetzt, nämlich eine wahre naturwissenschaftliche Volksbibliothek, eine Vermittlerin zwischen Wissenschaft und Volk, geschaffen zu haben.

Oskar Peschel sagt im **Ausland:** Aufrichtig wünschen wir, daß dieses in jeder Beziehung zugängliche Belehrungsmittel rasch vom deutschen Publikum ergriffen werde, und daß sich dieses durch geschärfte Einsicht in die Naturerscheinungen diejenige Summe von Kenntnissen erwerbe, die ganz unerläßlich geworden ist, wenn nicht der sogenannte Gebildete mitten in einer Umgebung von Wundern der Technik und Wissenschaft blöde und bäuerisch herumtappen will.

Karl Müller von Halle sagt in den **Blättern für litterarische Unterhaltungen:** Was die vorliegenden Lieferungen betrifft, so bilden sie einen glänzenden Anfang für das ganze Unternehmen. In einer schwungvollen, edlen Sprache geben sie ihren Lesern einen Überblick über das zu behandelnde Thema und führen dann gleich mitten in den Kreis der Untersuchung. Von weitläufiger, schulmeisterischer Gründlichkeit wollen sie nichts wissen. Immer kurz und interessant zu bleiben, scheint ihr Hauptgrundsatz zu sein. Aber eben so entschieden wollen sie auch in keiner Hinsicht der Würde der Wissenschaft etwas vergeben, darum hüten sie sich vor jedem Schein der Oberflächlichkeit.

Deutsche Rundschau: .... Es war daher ein äußerst verdienstvoller Gedanke der Verlagshandlung R. Oldenbourg in München, ein Unternehmen ins Leben zu rufen, welches als eine wahre Encyklopädie der Naturwissenschaften in gemeinfaßlicher Darstellung angesehen werden muß. Es liegen nun schon 19 Bände dieses Unternehmens vor uns, betitelt: .... Es genügt die Nennung dieser Namen, um den Wert der Arbeiten hervorzuheben. Wir können unsere kurze Besprechung nicht schließen, ohne der Verlagshandlung unsere besondere Anerkennung für die Ausstattung, sowohl des Textes, als der außerordentlich zahlreichen und überaus gelungenen Zeichnungen, auszusprechen. Wir entnehmen nur noch einem, dem 19. Bande angefügten Prospekte, daß eine Reihe von namhaften Gelehrten dem Unternehmen Arbeiten zugesichert haben, und zweifeln nicht, daß der auf diesem Wege bereits errungene Erfolg im Publikum und in der Gelehrtenwelt ein stetiger bleiben wird.

Gartenlaube: .... Wir können darum den Schulen, wie den Familien, das ganze Unternehmen, das ein neuer Vorkämpfer für Licht, Aufklärung und Wahrheit zu werden verspricht, in dringender Weise empfehlen.

Gaea: Die Verlagshandlung hat sich durch Herausgabe dieser Kollektion ein wahres Verdienst um die Verbreitung naturwissenschaftlicher Kenntnisse erworben, was um so höher anzuschlagen ist, als sich in der letzten Zeit häufig genug die Spekulation der populären Naturwissenschaft bemächtigte und das Publikum durch verlockende Anpreisung mittelmäßiger Werke irreführte. Dem gegenüber kann man nicht oft genug auf das oben bezeichnete, wahrhaft gediegene Unternehmen aufmerksam machen.

Illustrierte Welt: .... Es sind bis jetzt dreizehn Bände dieser Sammlung erschienen, die sich sämtlich auszeichnen durch eine klare wissenschaftliche Behandlung des Stoffes, eine Art der Behandlung, die nicht nur angenehm unterhalten, sondern vor allem wirklich wissenschaftliche Erkenntnis fördern will. Dazu ist eine geistig frische, kräftige, nicht zu weit gelehrte und auch nicht zu eng begrenzte Darstellungsart gewählt, die allgemein ansprechen muß.

Illustrierte Zeitung: .... Die vorliegenden Bände zeichnen sich durch eine im besten Sinne populäre Darstellung, welche durch eine große Anzahl vortrefflicher Holzschnitte unterstützt wird, durch gute Ausstattung und billigen Preis aus.

Litterarisches Zentralblatt von Zarncke: Die im Verlage von R. Oldenbourg erscheinende Volksbibliothek ist eine der wenigen populären Schriftenfolgen, welche derartig zusammengesetzt sind, daß man jeden neu erscheinenden Band mit einem günstigen Vorurtheil zur Hand nimmt....

Die Presse: Die altbewährte Firma Oldenbourg hat einen Kreis von gelehrten Schriftstellern zu vereinigen gewußt, wie er die sicherste Garantie für das Gelingen der schönen Encyklopädie „Die Naturkräfte“ bieten muß.

Salon: .... Herausgegeben von einer Anzahl von Gelehrten, welche nicht nur auf den von ihnen behandelten Gebieten als Autoritäten gelten, sondern auch populär und anziehend zu schreiben verstehen (seltene Kunst für einen deutschen Gelehrten!), werden diese Bände, welche der allgemeinsten Verbreitung würdig erscheinen, bald ein Lieblingsbuch der nach Bildung und Aufklärung strebenden Leser sein.

Über Land und Meer: .... Eine Hausbibliothek kann heute nicht mehr diese Zweige des Wissens übergehen, und so wird sich gerade diese Sammlung nach Inhalt, Form und Ausstattung ganz besonders empfehlen.

Verzeichnis der bisher erschienenen Bände der „Naturkräfte“.

Die Lehre vom Schall.

Gemeinfaßliche Darstellung der Akustik

von **R. Radau.**

290 Seiten Text mit 108 Holzschnitten.

Zweite Auflage.

1. Band. **Inhalt.** Der Schall in der Natur. — Die Wirkung der Töne auf Menschen und Tiere. — Fortpflanzung des Schalls in verschiedenen Mitteln. — Die Intensität des Schalls. — Die Geschwindigkeit des Schalls. — Zurückwerfung des Schalls. — Die Resonanz, die Akustik der Gebäude. — Die Lehre von den Schwingungen. — Die Tonhöhe. — Die Tonleiter. — Klangfarbe, Obertöne, Vokale. — Interferenz, Schwebungen, Kombinationstöne. — Die Stimme. — Das Ohr. — Musik und Wissenschaft.

Licht und Farbe.

Eine gemeinfaßliche Darstellung der Optik

von Prof. **Dr. Fr. Jos. Pisko.**

560 Seiten Text mit 148 Holzschnitten.

Zweite Auflage.

Preis broschiert *M.* 6. —, gebunden *M.* 7. 20.

2. Band (**Doppelband**). **Inhalt.** Vorwort. — Optische Bilder. Licht. — Licht und Schattenbilder. — Die Bilder des ebenen Spiegels. — Die Bilder des Krummspiegels. — Die Bilder durch Brechung und durch gänzliche Zurückwerfung. — Die Bilder durch Linsen. — Die farbigen Bilder. — Die Bilder in optischen Kästen. — Das natürliche und verschärfte Sehen. Die Brillen. — Das Stereoskop. — Das Fernrohr. — Das Mikroskop. — Gesichtstäuschungen. — Die Farbenlehre und ihre Anwendung. Erklärung der gewöhnlichen Farbenerscheinungen. — Die Spektralanalyse. — Merkwürdigkeiten der verschiedenen Zonen des Spektrums. — Die Farben durch Zusammentreffen der Ätherwellen. — Die Farbenlehre Goethes. — Die verschiedenen Schwingungen des Lichtäthers.

Die Wärme.

Nach dem Französischen

des Professor **Cazin** in Paris deutsch bearbeitet.

Herausgegeben von Prof. Dr. **Philipp Carl.**

307 Seiten Text mit 92 Holzschnitten.

Zweite vermehrte und verbesserte Auflage.

3. Band. **Inhalt.** Allgemeine Wärmeerscheinungen. — Die Experimental-Methode. — Das Thermometer. — Wärmequellen. — Wärmestrahlung. — Wärmeleitungsfähigkeit der Körper. — Volumenänderung der Körper. — Schmelzen und Festwerden. — Verdunstung und Sieden. — Veränderungen des Aggregatzustandes. — Die Wärme auf der Erde.

Das Wasser.

Von Prof. Dr. **Fr. Pfaff.**

300 Seiten Text mit 57 Holzschnitten.

Zweite Auflage.

4. Band. **Inhalt.** Einleitung. — Das Meer: Allgemeine Verhältnisse des Meeres. — Die Bewegungen im Meere. — Der Kreislauf des Wassers: Das Wasser in der Luft. — Das fließende Wasser. — Physikalische und chemische Eigenschaften des Wassers: Verhalten des Wassers zur Wärme und zum Licht. — Chemische Eigenschaften des Wassers. — Das Wasser im Haushalte der Natur: Mechanische Wirkungen des fließenden Wassers. — Chemische Wirkungen des fließenden Wassers. — Die Wirkungen des Meeres. — Wirkungen des Wassers als Eis. — Wasser, Pflanzen und Tiere. — Das Wasser in der Vergangenheit.

Himmel und Erde.

Eine gemeinfaßliche Darstellung des Weltalls

von Prof. Dr. **F. Zech** in Stuttgart.

266 Seiten Text mit 57 Holzschnitten und 5 Tafeln.

Zweite Auflage.

5. Band. **Inhalt.** Einleitung. — Die Fixsternwelt. — Das Sonnensystem im ganzen. — Die Planeten. — Orientierung nach Raum und Zeit.

Die elektrischen Naturkräfte.

Der Magnetismus, die Elektricität und der galvanische Strom,

mit ihren hauptsächlichsten Anwendungen,

gemeinfaßlich dargestellt von Professor Dr. **Phil. Carl** in München.

276 Seiten Text mit 113 Holzschnitten.

Zweite Auflage.

6. Band. **Inhalt.** Der Magnetismus. — Die elektrischen Fundamentalerscheinungen. — Der Blitz und die Blitzableiter. — Der galvanische Strom. — Die Telegraphie. — Induktionsströme und Induktionsapparate. — Das elektrische Licht. — Der Elektromagnetismus als Triebkraft. — Die Galvanoplastik. — Elektrische Zündungen.

Die vulkanischen Erscheinungen.

Von Prof. Dr. **Friedrich Pfaff.**

321 Seiten Text mit 37 Holzschnitten.

7. Band. **Inhalt.** Einleitung. — Die Vulkane: Das Äußere der Vulkane. — Geographische Verbreitung und Lage der Vulkane. — Thätigkeit der Vulkane. — Ursachen der vulkanischen Eruptionen. — Die Erdbeben: Die mechanischen Verhältnisse. — Räumliche Verhältnisse. — Zeitliche Verhältnisse. — Wirkungen der Erdbeben. — Ursachen der Erdbeben. — Hebungen und Senkungen des Bodens: Allmählich eintretende Niveauveränderungen. — Ursachen der Hebungen und Senkungen.

Aus der Urzeit.

Bilder aus der Schöpfungsgeschichte

von Prof. Dr. **Karl A. Zittel.**

630 Seiten Text mit 183 Holzschnitten und 5 Kärtchen.

Zweite vermehrte und verbesserte Auflage.

Preis *M.* 6. —., gebunden *M.* 7. 20.

8. u. 9. Band. **Inhalt.** Entstehung, frühester Zustand und Zukunft der Erde. — Geologische Veränderungen der Gegenwart. — Zerstörende und aufbauende Thätigkeit des Wassers. Erhaltung und geologische Wirksamkeit der Organismen. — Geschichtete und massige Gesteine. — Versteinerungen. — Regelmäßige Anordnung der Sedimentärgebilde. — Methode der Klassifikation. — Formationslehre. — Erstes (archolithisches) Zeitalter. — Das Urgebirge. — Zweites (paläolithisches) Zeitalter. — Drittes (mesolithisches) Zeitalter. — Viertes (känolithisches) Zeitalter. — Schlußbetrachtungen.

Wind und Wetter.

Gemeinfaßliche Darstellung der Meteorologie

von Prof. Dr. **E. Lommel.**

340 Seiten Text mit 66 Holzschnitten.

10. Band. **Inhalt.** I. Die Sonnenstrahlung. II. Die Winde. III. Meerströme. IV. Klima. V. Die elektrischen Erscheinungen der Atmosphäre. VI. Die Lichterscheinungen der Atmosphäre.

Vorgeschichte des europäischen Menschen.

Von Dr. **Fr. Ratzel.**

300 Seiten Text mit 97 Abbildungen.

11. Band. **Inhalt.** Das Wesen der Vorgeschichte. Die Funde und Fundstätten. — Die Wege zur Deutung der ersteren und die Hauptschwierigkeiten derselben. — Funde in Höhlen, sowie in älteren Schwimmgebilden außerhalb der Höhlen. — Die Muschelhaufen (Kiekkenmödinger) und die zerstreuten Funde. — Die Pfahlbauten und die ihnen verwandten Funde. — Grab- und Denkmäler aus Felsen, Hügelgräber. — Rückblick auf die Erzstufe. — Auftreten des Eisens. — Schluß

Pflanzenbau und Pflanzenleben.

Von Dr. **Otto Wilhelm Thomé,** Reallehrer in Köln.

328 Seiten Text mit 215 Holzschnitten.

12. Band. **Inhalt.** Vorwort und Einleitung. — Die Zelle. — Die Zellgewebe. — Die äußere Gestaltung der Pflanzen. — Das Pflanzenleben der Erde. — Die Ernährung und das Wachstum der Pflanzen. — Die Abhängigkeit der Pflanzen von ihren äußeren Lebensbedingungen und deren Anpassung an diese. — Die Bewegungen der Pflanzen. — Die Vermehrung der Pflanzen. — Das Pflanzenreich. — Die Beziehungen der Pflanzen zu einander und zu den Tieren.

Mechanik des menschlichen Körpers.

Von Dr. J. Kollmann,
o. ö. Professor an der Universität München.

288 Seiten Text mit 69 Holzschnitten.

13. Band. **Inhalt.** Der menschliche Organismus. — Mechanik des Nervensystemes. — Das Knochengerüst als Stativ des Körpers. — Mechanik der Gelenke. — Mechanik der Muskeln. — Schwerpunkt. — Mechanik der Atmung. — Mechanik des Herzens.

Das Mikroskop
und seine Anwendung.

Von Dr. Friedr. Merkel,
Professor an der Universität Rostock.

324 Seiten Text mit 132 Holzschnitten.

14. Band. **Inhalt.** Die Lichtbrechung. — Die optischen Linsen als Vergrößerungsgläser. — Optische Instrumente. — Geschichte der Mikroskope und der Mikroskopie. — Nebenapparate am Arbeitsmikroskop. — Einrichtung des Mikroskops zu besonderen Zwecken. — Prüfung, Kauf und Pflege des Mikroskops. — Das Arbeiten mit dem Mikroskop. — Anwendung des Mikroskops in Wissenschaft und Handel.

Das Spektrum
und die Spektral-Analyse.

Von Dr. P. Zech,
Professor am Polytechnikum in Stuttgart.

234 Seiten Text mit 33 Holzschnitten und einer Tafel.

15. Band. **Inhalt.** I. Einleitung. II. Methode der Spektral-Analyse. III. Resultate der Spektral-Analyse. IV. Wirkungen des Spektrums. V. Besondere Schlußbetrachtung.

Darwinismus und Tierproduktion.

Von **C. E. R. Hartmann.**

290 Seiten Text mit 46 Holzschnitten.

16. Band. **Inhalt.** Über die Entstehungsweise der tierischen Wesen. — Ch. Darwin, seine Vorgänger und seine Zeitgenossen. — Einiges über die Herkunft unserer Säugetierwelt im allgemeinen. — Über die Abstammung unserer Haustiere. — Die Tierproduktion und ihr Verhältniß zum Darwinismus.

Fels und Erdboden.

Lehre von der Entstehung und Natur des Erdbodens

von Dr. **Ferdinand Senft,**

Hofrat und Professor zc. in Eisenach.

392 Seiten Text mit 17 Holzschnitten.

17. Band. **Inhalt.** Von den Bildungsmassen der Erdrinde. Die Felsarten. — Über die allgemeinen Ablagerungsorte und Formationen der Felsarten. — Zertrümmerung und Zersetzung der Felsarten. — Der Steinschutt und Erdboden. — Nähere Betrachtung des groben Felsschuttes oder Geröllschuttes. — Nähere Betrachtung des sandartigen Schuttes. — Von der Erdkrume und dem Erdboden. — Nähere Betrachtung der Arten des Mineral- oder Rohbodens. — Nähere Betrachtung des humushaltigen oder Kulturbodens.

Gesundheitslehre des menschlichen Körpers.

Von Dr. **P. Niemeyer**

zu Leipzig.

390 Seiten Text mit 31 Holzschnitten.

18. Band. **Inhalt.** Der Körperhaushalt und seine Pflege. Die menschliche Eigenwärme. — Hautpflege. — Atmungspflege. — Essen und Trinken. — Arbeit und Erholung. — Kleidung. Die Kleidung in ihrer Beziehung zur Wärmeregelung. — Die Kleidung in ihrer Beziehung zur Mechanik des Körpers. — Wohnung. Luft, Grund und Boden unserer Wohnstätten. — Hygieinische Verbesserung unserer Wohnungsverhältnisse. — Innere Einrichtung. — Die Wohnung der Zukunft.

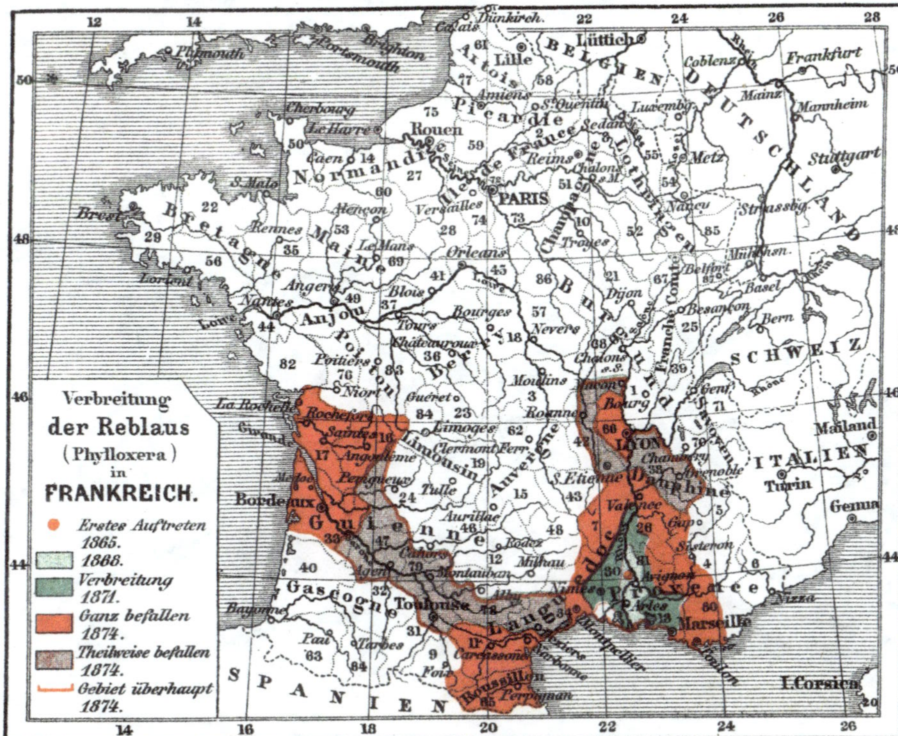

Druck von Wagner & Debes, Leipzig

www.ingramcontent.com/pod-product-compliance
Lightning Source LLC
LaVergne TN
LVHW010634300926
849161LV00005B/937
* 9 7 8 3 4 8 6 7 2 4 1 3 4 *